Miya人妻妹紙
做別人不敢做的千萬直播夢

超人氣千萬直播主
Miya —— 著

各方真摯推薦——

★★★ 你有多自律，就有多成功

——李老闆直播集團共同創辦人／李明達

二〇一九年一個小女生——Miya，來到李老闆應徵，卻沒有想到一個決定，讓人生產生了那麼大的變化。

五年的時間，從一個包貨小妹到億萬主播，這一切的努力我都參與其中。看到他們夫妻一步一腳印、日復一日持續努力堅持，看到他們能有今天的成就，心裡真的很驕傲也很感恩。

「你有多自律，就有多成功」，這句話在Miya身上發揮到極致。

台灣首位直播主出書，內容很寫實也很真實，真的值得去細細品嚐。

★★★ 完美的女神和超級巨星

——藝人背後的推手、演藝圈資深經紀人／胖姐

Miya是我見過最強大的女神，她不只是聰明努力、非常清楚自己的目標在哪裡，會勇往

直前去達成她的目標，最重要的是，她有一顆很善良的心，非常為朋友著想。

我覺得如果人可以打分數，她絕對就是一百分。

對我來說，她就是完美的女神，而這次她出的這本書，我覺得對大家來講都是非常的重要，除了學習直播以外，也可以看見她更多的優點。

從古至今很多名人或是專家也好，都是只會說但自己做不到，但 Miya 不一樣，她的行動力超強大，所以她不成功誰會成功呢？

在我心中雖然她是一個小妹妹，但她同樣也是完美的女神以及超級巨星，也希望她的書大家看完以後，可以學習到很多東西。

最後我想跟 Miya 說：我超愛妳的！希望以後有機會妳可以當我的藝人。

在她身上，我看到了堅持，看到了創意，看到了愛

——幸福人妻／徐小可

還記得第一次遇到 Miya 的時候，就覺得她是一個滿特別的直播主。

因為帶著孩子，又直接在直播的現場，加上看到她跟孩子還有老公相處的狀況，其實覺得很不簡單，因為我們都知道養家的辛苦，以及剛生產完，很多身體狀況不是這麼允許來做

直播的。

但是我看到Miya，一個很熱切、很真誠、很熱忱的心，想要做這個事業，後來又了解到，她是怎麼樣在直播上面的付出。

我覺得很多事情並非是一朝一夕可以完成，而在Miya身上，我看到了堅持，我看到了創意，我看到了愛——她愛這份工作，她愛她的家庭，她愛她自己決定的事情。

所以當她決定要這麼做時，她可以不顧一切，用一個最大最大、帶著愛的力量，去完成她的事業，讓她的事業變得跟一般人不一樣。當然，在其中我更感動的，是他們夫妻倆的堅持，因為夫妻同心，所以創造出了更多不簡單、不可能的成績。

人家說，很多時候生命要靠運氣，但運氣總會有用完的一天。但我看到的是，Miya用自己的堅持創造出了更多的運氣，而她的堅持，讓原本大家本來都不是那麼看好的事業變得更加有色彩。

同樣身為媽媽的我，真的很佩服Miya的堅持，還有她對產品的熱忱。相信這一切都是因為她愛她的工作，愛她的產品，愛她的事業，也更愛她的家人。

活著就是為了實現夢想

——佳興成長營創辦人／黃佳興

這本《Miya 人妻妹紙做別人不敢做的千萬直播夢》從翻開第一頁到最後一頁，一氣呵成的把它看完真的是大呼過癮，太精彩了！

我們看到一個平凡人翻身的故事；我們看見一個牙醫助理透過不斷的操練自己，學會透過一對多的真本事，在直播間一場又一場堅持了快五年，然後讓自己的收入可以十倍數的成長、百倍數的爆發，我真的建議每一個人都應該看過這本書。

之前從一場全亞洲直播大會邀請到 Miya 來當主講師之一，我聽到她一小時的分享欲罷不能，講出非常多的直播心路歷程，他們是如何咬著牙不放、堅持到底。

我覺得 Miya 的故事才剛剛開始，在直播的領域充滿著無限的可能。

也在此預祝這本書可以狂銷熱賣，大力的推薦這本書籍——《Miya 人妻妹紙做別人不敢做的千萬直播夢》。

她的路沒有捷徑，只有她想要得到的原則

——新世代藝人／鯰魚哥

Miya，一位擁有好勝心又堅強的女孩，只要她想要做到的事，她會排除萬難、勢必達成。在她心裡，失敗並不可怕，她會把它當作成功之路的養分，也擁有平常人沒有的強大心理素質。

她不怕做不到，她只怕沒有行動力；唯有行動力，才能更讓她堅決的往前進。

她不怕苦，她有強大的責任心，年紀輕輕懂得學會吃苦耐勞，因為這是她的自律。

在一個團隊裡，她永遠是最熱忱的那一個！她會無意間感染很多人，想跟她學習。

她的路沒有捷徑，只有她想要得到的原則。

這就是她，Miya。

學到 Miya 的 10%，你就會成功了！

——知名藝人／Makiyo

大家好，我是 Makiyo。

還記得第一次看到 Miya 的時候，是我們在台中有個節目要一起錄製，她擔任直播導師，

我則是學員要學習如何直播。

我看到她的第一眼是她非常的客氣，然後跟花媽一起出現，彼此自我介紹以後，進入學習階段時，我感受到 Miya 工作狀態下的專注力非常強。因為我比較屬於放空型，但只要談到工作，她會立刻進入狀況，並且耐心教我如何抓住重點。

她也同時帶給人家甜美的笑容，在直播上會認真評估產品，不會隨便賣給粉絲不好的東西，並且真誠跟真心的去介紹，讓人看了很想買。

她也在很忙碌的工作狀態下同時兼顧好家庭，產後說要瘦身也會非常有執行力去完成，真的是我很想學習的對象。

我真的很欣賞 Miya，做人很成功，對待事業不馬虎，私下相處非常可愛熱情，真的是很棒的女孩，我真的非常喜歡 Miya。

這次 Miya 出書了，也希望大家多多支持，只要大家學到 Miya 的 10%，你就會成功了！你們買了這本書，讀完以後一定是值回票價的。

也再次恭喜妳出書啦。

一條多麼需要決心和毅力的天堂路！

——電商直播培訓教母／KK老師

認識Miya之後，真的打從心底喜歡和敬佩她！

無論是她面對直播的熱情和認真，還是對於粉絲們的一片真心，真的都讓演藝圈二十年資歷的我，大大的讚嘆‼

很多人覺得，直播帶貨就是賣商品啊！打開來就可以賺錢啊！其實真的不是好不好～～這裡面的心酸，只有在執行的人才知道啊‼

這是一條多麼需要決心和毅力的天堂路！

市場很大，商機無限，但要怎麼熬過從零開始的艱辛，常常很多人到一半就放棄了。

我在Miya身上看到了認真負責與勤奮努力，堅持把好商品推薦給客人，把客人當成寶貝一樣，細心守護著！這就是Miya讓人愛進心坎裡的「真」！

現在，這位無私的女孩，把最最最精髓的經歷，寫在書中和大家分享，真的是看到賺到，這裡面全部都是血淚啊‼😭😭

取之於社會，用之於社會，不藏私的讓所有人參與她的人生！這本真的是值得好好珍藏的作品，還不快加十買起來嗎！

愛Miya啦‼❤❤❤

Miya 就是一本我這輩子都讀不完的書

——直播十億王國幕後舵手／Vic

大家口中的 Miya 就是我的老婆。

都說名人藝人在外面的形象，跟在親密愛人眼裡的形象是完全不一樣的。可能馬雲的老婆從不覺得馬雲厲害，可能梁朝偉的老婆也不覺得梁朝偉特別厲害，但是在我眼中的 Miya，跟大家看到的是一樣的。

她對工作充滿熱情，也不斷不斷的挑戰自己，永遠不會滿足於現狀的往另一個階段前進。只要是她下定決心想做的事，哪怕是一個完全陌生的領域，她也會想盡辦法達成並且做到盡善盡美。

她做任何事都是拚命到感動自己。像是寫這本書前前後後，她也花了很多心思並且在非常忙碌的工作狀態，花費休息的時間寫到深夜，甚至利用坐月子的時間每天寫超過五小時，因為她知道坐完月子一忙下去，就更沒有時間能完成了。

而這也是她完全沒接觸過的領域，我相信收到這本書的妳或你一定會收穫滿滿，一定也能從中獲得些什麼。

對我來說，Miya 就是一本我這輩子都讀不完的書。

目錄

各方推薦

第四篇　風光背後的故事，更值得重視

第五篇　永遠記得——一路有你們

第零篇

前言

我的人生從來就沒有「後悔」這件事，
我決定要去做的事就不會後悔，
所以再重來一次，
我只會更早踏入直播，
再更努力一點往對的方向前進。
所以就算重來一百次，
我都會選擇踏入直播這個行業。

1 要做夢，就要做別人不敢做的

首先，我要感謝自己做了一個寫書的決定，也感謝正在閱讀此本書的你，我終於可以好好用文字記錄下我的直播夢。五年多來經歷的一切大小事，希望在我老去以後，可以翻著泛黃的書籍，咀嚼其中的文字，與老公一起回憶過往，順便告訴孩子，你的爸爸媽媽以前可是一個勇敢的追夢人喔！哈哈。

大家一定很好奇到底什麼是直播？為什麼我在直播還不成熟普及的時候，就敢踏入這領域？以及在進入直播前，我又是在從事什麼行業？

先從我的工作經歷聊起好了，大學畢業以後我做了 1111 人力銀行客服、[i]Store 產品銷售、純矯正牙醫助理、超商店員、一般牙科助理。我不怕換工作，也不怕別人說我一年換三百六十五個老闆，因為我知道要親自嘗試過，才明白自己適合哪種工作。後來發現，我喜歡銷售型的服務業，享受接觸人群，喜歡挑戰「業績」帶來的成就感。

再來聊聊如何決定轉戰直播業吧～還記得改變人生的那個下午，我正在與閨蜜們聊天時，同時問了三位姊妹意見。

我說，我正在人生的十字路口，需要大家給意見，第一：做兩份工作來增加收入。當時我在住家附近的超商工作，剛好對面有一間很有名的網拍女裝倉儲正在徵人，我可以選擇白天先去幫忙出貨，下午再到超商打工，這樣一個月算下來有將近四萬元的薪水。

第二，懷抱著「創業夢想」的我，開始發現有人使用臉書上「直播」這個功能賣東西，我覺得好酷！可以不用像實體店面承擔店租的壓力，也不用受地區時間限制！但是風險是沒有人知道會不會成功，妳們覺得我要選擇放棄工作去拚一個夢想看看嗎？收入有可能變成零，還要自己拿出錢買貨。或者，還是要選離家近又穩定的工作？看著她們異口同聲對我說：「當然是選第一條路啊！如果自己創業失敗怎麼辦？」

天生個性叛逆、不肯服輸的我，當下告訴她們：「我要選擇第二條！！！」

做別人不敢做的事、做別人不敢做的夢。

人生就是由一個一個選擇拼湊出來的，那條看似順遂平坦的道路，大家都會選擇它，因為安全且不用承擔失敗受傷的風險；而另一條未知且充滿風險的路，我選擇去走，是因為我相信就算有可能遍體鱗傷，我也不要人生充滿遺憾與後悔。這條路走到底是懸崖或是美景，我都願意去賭一把。

套一句老話：「成功的道路上從來都不擁擠。」

對我來說：「沒有對的選擇，只有把選擇做對。」

第一篇

別把開始想得太困難

對每個人來說，
想要的東西與價值都不同，
擁有一個「大一點的目標」，
我覺得那就是非常棒的動力，
因爲當你一路走來堅持下去的努力、受到的傷痕，
與無數個低潮的夜晚所流過的淚，
在你達成目標後，
再用力的、狠狠的、好好犒賞自己，
那一刻的感受，是無法用言語形容的，
我們只能簡單化做一個字「爽」哈哈哈！！！

2 微不足道的起始點——靠四款手機殼出道

一開始我只是一般的牙醫助理，平常會利用下班時間自己從淘寶叫貨，選一些可愛的手機殼來賣看看，當時我的想法是就算失敗了，也不至於破產或是無法生存，因為創業成本不算高。還記得那時，我跟當時還是男友的老公阿北說：「我想要進手機殼來直播賣看看。」他是我身邊無條件支持我的人。

我永遠記得家人說：「手機殼一個就可以用很久了，而且路邊3C產品配件店很多，網路商家要買也很方便，妳哪裡有競爭力？」也有朋友質疑：「這真的可以賺得了錢嗎？」

但身為行動派射手座的我，思維裡只有想做，沒有其他理由跟藉口。我也不會去思考太多，或是像很多較為理性的人會先去做市場調查、擁有plan B、plan C，做好萬全準備才下決策。雖然我知道，自己的個性容易在職場上摔跤，容易大好大壞，雖然我敢衝，嗅到商機的當下就立刻把握住機會，但缺點是太多事情欠缺思考跟規劃。

第一批貨到達的那一天，我興奮的跟媽媽說：「媽！妳女兒要開始當直播主，開始創業囉！」我抱著四款手機殼開心的衝到神明廳，拿著一張紅色塑膠椅坐下，打開個人臉書帳號「Miya Jhang」，開啟直播鍵，就開始了人生中的第一場直播。因為沒有經驗，所以我是拿了一張白紙，把喊單的客人名字寫下來。我記得第一場直播就只有四款手機殼，播了四個小時，也因為是自己的臉書帳號，所以有很多自己的朋友進來觀看，印象深刻的是第一場就賣出快十個手機殼了。

下播後，我再自己私訊買家，傳匯款帳號及整理收件資料，對帳完再包裝，完成後再到超商寄貨，之後我就開啟了直播生涯。這就是我微不足道、小小的直播起始點。

Miya 的正能量語錄

對我來說，只有要或不要，只要想做、用心去做，你就有機會脫穎而出被看見。

3 無師自通的生意頭腦——制定專屬服務流程

在第一次直播以後，我開始利用牙醫助理空班以及放假的週末來直播，並且創立粉絲專頁「M&w 手機小舖」，還自己學會拍產品照，收集客人的反饋心得；再利用放假時間，到書局買漂亮的包裝袋、可愛的小貼紙封口，上網客製化名片、創立一個官方LINE，並手寫小卡片給每一位購買手機殼的客人，甚至會在直播開場抽一點小禮物、購物金或是便宜的充電線等等吸引顧客，這些都是我自己無師自通想到的服務流程。

我學會布置直播背景，下播如何更快速理貨品、回覆訊息，再繼續進貨、挑貨、準備下一場直播的貨量，當身邊朋友家人都以為我在辦家家酒，或是不相信可以因為直播賺到錢的時候，我還是繼續堅持並且熱愛這份「新工作」，後來更發現，除了手機殼以外，好像可以增加新的商品來讓直播更豐富。

因緣際會下，我認識一間專門批發手機玻璃貼、充電線、快充頭、行動電源等相關產品的廠商，於是我將賣手機殼賺到的錢，拿出來繼續進貨，果然也因為品項更豐富，觀看直播的人變得更多，大概二、三十人左右。試想一間門市店面要同時進入這麼多人，其實很可觀，那時候一個月大概五、六場的直播，可以賺到一萬至兩萬左右，我發現這是一件可以「做得更大」的事業。

老天爺覺得我是個人才 很適合做直播

我鼓起勇氣，決定放棄當時一個月三萬左右薪水的牙醫助理工作，把全部時間投入我的手機小舖直播。當時家人都說我瘋了，覺得這只適合當兼職，或是覺得我只是一頭熱。我記得阿北看著我，堅定的說：「有我在，妳想做任何事都去吧！我支持妳。」

於是我抬頭挺胸的走進診所，告訴醫生我要離開做了三年的診所，**我想去追夢、去拚一個不可能，因為我相信我的人生不只是一個月領三萬塊，我一點都不滿足於現狀‼我想追求更多收入，更好的生活品質。**

離職以後，我花更多時間開始直播，寄貨、叫貨、入庫、對帳、回訊息等等，也因為這樣常常忙到天亮。但我樂此不疲，也確實在短短幾個月內，靠直播賺到從前月薪沒有達到過的數字，但也需要花很多時間及體力。因為現金進來很快，不像一般工作是發月薪，我沒有控管好金流，所以當需要囤貨新款式、需要進貨的時候，我才發現自己把身上的錢都花光了。但我沒有放棄直播這份工作，也許是老天爺覺得我是個人才，很適合這一條路，所以我接下來遇見了人生中很大的轉捩點。

Miya 的正能量語錄

大多數時候，人們懶得變動，害怕跳脫舒適圈，但我自己是行動力一百分，因為我認為先去做了，才會知道適不適合。

4 一個不可思議的轉捩點——李老闆直播集團

正當我煩惱要把錢都拿來囤貨的時候，出現了新的機會。在那短短幾個月的時間，直播突然興起，直播主也從原本的個位數，變成很多人投入的工作，就連加單的系統商都開始出現，直播的廣告商也紛紛嗅到商機，一切都變得很競爭。

我剛好看見自己常看的「少林寺廚房直播」（李老闆直播集團最一開始的直播平台），主播是小七（花媽）、小八還有朗哥，以賣牛肉海鮮跟美線精品為主。正好有一天在朗哥直播的當下，標題上打出了「誠徵直播主歡迎私訊」，我見狀立刻興奮的拉著阿北的手說：「我要去應徵！！！」

於是我立刻在直播當下，線上告訴朗哥我要應徵直播主，他開玩笑的點開我的大頭貼，看了一下說：「長得不錯喔很可以～去私訊。」（配上他爽朗的笑聲哈哈哈）

很快的，我收到私訊回覆，請我明天就可以到現場面試。路癡的我並不知道當時住的地方從台中北區騎機車到南屯區，需要半小時左右。想到以後正式上班，不管風吹雨淋多晚下班，都要騎如此漫長的路途，突然有點猶豫，但我還是決定前往。

抱著忐忑不安的心，我前往面試，當下一看到我最愛的直播主小七，本來只在螢幕上看見的人突然出現在眼前，我就像小迷妹一樣興奮。看完公司內部環境後，我好期待之後的直播生涯，後來非常順利的錄取，主管告知週一可以開始上班。雖然我應徵直播主，但主管讓我先從小幫手學習，這樣才可以更清楚公司的所有流程，也能讓之後的直播工作更加順暢。

小幫手的每一步　短短半年奠定基礎功

帶著緊張的心情，踏入公司的第一天，我跟著前輩阿棟哥一起擔任花媽童裝部門的出貨，那時候牛肉海鮮主播是小八，童裝主播是花媽，同時還有3C產品及精品部門。第一天上班就上十幾個小時，面對著出不完的包裹。晚上花媽來開播時，我就變身為跟播小幫手，在旁邊幫忙把出單的商品貼在客人喊單的童裝上，一場直播大概四小時左右，下播後再幫忙把賣出去的童裝整理好放架上，隔天早上繼續今天的流程。

就這樣當童裝小幫手大概一個月以後，我進展到入庫的部分，每天貨運都會運來很多箱童裝，我開始列印標籤，並且把每件衣服摺好後，裝入透明袋子裡，就這樣每天工作時十幾個小時。回到家以後，阿北已經熟睡，白天他出門上班，我還在睡覺，就這樣我們作息顛倒持續了半年。

我在半年內學會跟播、key單、出貨、入庫、包貨、帶新人，持續著每天上班到半夜回家。於是我找到老闆達哥告訴他，我進來公司從小幫手開始學習到現在半年，但我當初應徵的是直播主的職位，是不是有機會可以讓我當了？

Miya 的正能量語錄

如果你不努力實現自己的夢想，那就只能成為別人夢想中的一部分。

5 正式成為直播主的那一刻——

我與直播主這個角色談戀愛了

老闆達哥聽完我的疑問後，立刻詢問我：「可以呀～那妳想賣什麼？」我想了一下告訴達哥，手機殼跟3C產品可以嗎？因為我賣過有經驗，成本也不用一開始就要太多。達哥馬上答應以後給我一個金額，讓我自己去批貨回來，再跟會計核對商品成本跟數量。

第一批到貨以後，我花時間入庫完，便開啟了人生中在李老闆直播集團的第一場直播。沒有任何害怕與猶豫，按下開始鍵，我就一秒進入角色，開始跟粉專原本的老粉絲們打招呼，自我介紹我是新直播主Miya後，開始了四小時的第一場直播。第一場業績我記得是五千多元左右，下播以後，再自己整理貨、回訊息，再包貨及出貨。

接下來的每一天，我帶著滿滿的自信心，迎接每一場直播，希望業績可以越來越好。我一整天工作十幾小時，每週休一天，放棄跟閨蜜姊妹出遊吃飯的時間，全心全意進入直播主這角色。初期經營手機殼與3C產品，我堅持每天開三場直播，雖然都只有三、四十人觀看，但我依舊堅持，哪怕都沒有人跟我互動，我就自言自語、天南地北的聊，也開始愛上直播主這個角色。

因為一開始業績不高，所以我完全沒有半個小幫手，就連key單，我都自己邊介紹商品邊入單，從上班到下班，我都關在大概五、六坪空間的小房間裡。

但是，賣手機殼及3C產品已經不能滿足我了，我想要學習賣更多東西。所以我開始接觸美線精品長夾、短夾、包包、衣服等等商品，也因為單價變更高，客人出手的機會變更小，我很快就面臨直播帶給我的低潮期。但我很快調整好心態，告訴自己不要急，也許客人正在觀望正在思考，如果我多開一場，他再看到一次說不定就會加單*了！

我喜歡這樣的挑戰　也享受每一場經驗的累積

於是我請教花媽與花爸，要怎麼介紹可以更生動，讓客人願意出手購買。吸取經驗以後，我讓自己快速成長，再迎接下一場直播，果然業績就成長來到四、五萬元，回家抱著老公轉圈哈哈。一個小小的突破所帶來的成就感，我好喜歡這種感覺。

每一場直播對我來說，都是一個新的挑戰，在我按下開始直播那一刻，一直到結束，都是面臨不同的挑戰。

除了業績目標以外，因為當下是LIVE，所以會遇見什麼樣的客人提出問題，你該怎麼應對，都是當下的臨場考驗。我很喜歡這樣的挑戰，也享受每一場經驗的累積。當然一開始觀看人數比較少，一定會遭遇很多挫折，心情上的轉變也需要自己學習調適，抗壓性也一天一天慢慢增加，讓自己變得更強大——能不能堅持下去？可以堅持多久？都是未知。**但是，我相信繼續努力下去，有一天一定可以被看見，我就是這樣重複告訴自己，才慢慢走到今天能有這些感想與大家分享。**

Miya 的正能量語錄

真正真心熱愛這份工作，就不會倦怠，就能一直保有熱忱。當然這並不容易，我真的是非常幸運能擁有這麼棒的工作。

Miya 的直播關鍵字

- **加單：指直播當下，在留言處大家用手機打字，喊出自己要的數量。**

十萬粉絲的快問快答時間——
面對低潮／迎來後起之秀

1 問：直播初期觀看人數少，粉絲熱絡度不夠，或直播時問問題但觀看粉絲完全沒互動、沒回覆問題，是如何化解這份尷尬？

Hsu Ting

答：這問題也是非常多人會發問，當然這對前期直播的我們而言，是很大的考驗，**心態上的考驗，要學會改變自己的想法，不然很容易放棄、害怕開播。**這時我都會轉念思考，也許有些粉絲的個性不習慣發言，但如果介紹到需要的商品，粉絲都會默默下單；也會有些粉絲真的比較忙碌，但他會準時上線看直播，也許沒買東西，但他還是會表示對我的支持。

當然，我自己就會做功課，多了解時事或是近期能與大家分享的好物，讓自己在直播當下可以有更多話題，在大家沒有回應時，我還是可以侃侃而談，變成一個屬於自己的談話時光。慢慢嘗試大家比較有興趣的主題，或是會跟我互動的話題，我就會抓住主題並且延伸發揮，像是媽媽經那樣永遠聊不完，大家都會很熱絡。或是關於保養這領域，大家都會比較感興趣，所以還是可以慢慢找到方式與大家互動，儘管人數不多的情況下，我也可以聊得很開心啦哈哈！

2 問：當遇到低潮期時，要如何讓自己站起來呢？

江芷嫻

答：這問題超級好！我幾乎開放問與答時都會遇見十萬次這類型的問題。我覺得大家都一定會有低潮的時刻，不見得只有工作會遇見，感情也好、親情或是學業等等各方面都一定會遭遇低潮。

我自認是一位個性非常樂觀，很少會有負面情緒及低潮的人，但因為直播這份工作的壓力真的太大了，如果一直在業績卡關或是工作事情多到讓我無法消化時，累積到一定的程度，我就會讓自己完全擺爛！！！！直接低潮到最負面，甚至連我的祕書也會跟著一起負面、一起講幹話、一起想放棄，然後我就會讓自己完全停擺工作幾天。

但我們都知道，我們只是說說‼等消化排解完情緒後，我就會立刻私訊祕書：「我又有新的想法想要嘗試，想要去挑戰。」立刻一秒回到工作崗位上，我想這大概屬於一個自虐的概念哈哈哈。

但我也會告訴自己，真的承受不住就要找到出口抒發，不管是要立刻出發血拚，或是安排一場旅行，脫離工作模式、暫停直播會是一種解法，因為我知道自己已經扛不住了。

有時候，我也會欣賞小孩照片或是影片，看看他天真無邪的笑容，聽聽他可愛的笑聲，然後告訴自己：「我要加油！」因為我還有很多目標沒有完成，我想要的東西與慾望很多，但也因為如此，我可以在非常短的時間內就重獲力量。

所以，我常會跟大家說，你們去找自己很喜歡的東西，可能它很昂貴，平常很難買得下手，不管是精品包或一雙好鞋，還是一間很高檔的餐廳，擁有廚藝最精湛的廚師，並且能做出最精緻的佳餚，又或是一台夢寐以求、貴到嚇人的車子，也可能是帶著全家人來一場不看價錢的旅行，享受著家人臉上的笑容。以上我都是舉例供參考。

對每個人來說，想要的東西與價值都不同，擁有一個「大一點的目標」，我覺得那就是非常棒的動力，因為當你一路走來堅持下去的努力、受到的傷痕，與無數個低潮的夜晚所流過的淚，在你達成目標後，再用力的、狠狠的、好好犒賞自己，那一刻的感受，是無法用言語形容，我們只能簡單化做一個字「爽」哈哈哈！！！

簡單來說，為自己設定一個非常難達成、擁有強烈慾望的目標後，之後一次次的低潮，你將都能自我釋放負能量，並且再度充滿希望及動力，朝著這個目標前進。

或者也可以去做一件簡單的小事，讓自己感到快樂，好比說我會點一杯珍奶，喝下去的那一口對我來說，瞬間就能療癒心情；又或是我最近很喜歡的事是聽一首歌曲，開到最大聲，沉浸在音樂裡，可以讓人暫時忘記身邊所有的事，忘記時間正在轉動。請好好享受那首自己最愛並且能無限循環聽的歌曲，所帶給你的力量。

3 問：請問 Miya 人生最低潮的是哪一段？是如何度過呢？

王叮鈴

答：從小到大我大概都過得算順遂，大概傻人有傻福吧哈哈。如果要說最低潮，我自己覺得當然是踏入直播的前期。那時候，除了沒有人觀看，也沒有業績，更沒有收入，前面都有詳細跟大家分享過了。心情上會很低落之外，也會一直在撞牆期，不知道什麼時候可以成長，可以被看見，可以創造更多業績跟收入。我甚至壓力大到晚上坐在我家窗前，看著外面夜景，自己默默流淚，因為沒有人可以教你怎麼做。你也會覺得很孤獨，因為身邊家人、朋友，沒人可以懂你的無助，也幫不上忙。

那時候，公司能給的資源也沒這麼多，一切都要靠自己。我覺得寫那時候生活過得多慘或是不好，會被說是在「賣慘」，因為比我們辛苦的人更多，也都在堅持著。所以，我分享心情低潮是在那時期的每一個夜晚，看著自己的業績，再看看別的直播台這麼多人觀看，反差很大，也還沒找到定位跟方向，到底要賣什麼樣的商品，吸引什麼樣的客群都是未知的情況，有點瞎忙跟白忙，而領到薪水那一刻，都會默默掉眼淚。這大概是有在創業的人，或是經歷過從最低層、慢慢一步步累積往上爬的人，會比較有所謂的「感同身受」。

身、心、靈都很低落的時期，真的是煎熬，連家人也都會形成無形的壓力，你明白他們只是關心，甚至也不敢開口需要家人幫忙金援之類的。但好險我們天生樂觀，總會相信自己夠優秀，只要多堅持一點，一定會成功。也幸好身邊有一個願意跟我一起冒險、一起闖的另一半，我們會鼓勵著彼此，會一起想辦法，例如這一場直播要換場景嗎？要辦活動嗎？要怎麼做可以吸引客人諸如此類，甚至我們願意一起犧牲所謂的休假及休息時間，一起把重心放在工作上。一場業績不好那就休息一下，換一個人再上去播，另一個人在旁邊當小幫手key單。曾經有過一天播四場，中間下播就趕快吃完飯休息一下，真的疲憊就到公司外面走兩圈，然後每個月上線時數都一百八十小時起跳，真的是慢慢熬，才稍微看見成長，一路走到你們現在看到的我。**堅持，是唯一的選擇，真的沒有捷徑。**

4

問：請問 Miya 是因爲什麼因緣加入李老闆直播集團當直播主？目前旗下有很多直播主，會不會擔心被取代？

林德茹

答：非常簡單，因為我分享過，我自己是屬於行動力百分百的人，有一天看見李老闆的粉專直播標題寫「誠徵直播主」，我便不加思索的直接私訊說我要面試，約好時間，隔天立刻就面試完，再隔兩天就開始上班。前面有提過如何成為直播主就不多贅述啦。

這問題很好欸！我還真的完全不擔心哈哈哈哈，**因為我相信我有自己的實力跟特色，但說真的，如果真的被超越，我會很開心，因為我有更多動力去努力，良性競爭是好的，我也很享受這種感覺。**就像賓士跟ＢＭＷ、麥當勞跟肯德基、可口可樂跟百事可樂的存在就是很棒的案例。同行非敵國，而可敬的對手可以讓彼此一起成長之外，擁有更多動力成長。

我希望更多直播主加入我們李老闆直播集團，我也期待看見大家成長茁壯，都可以透過自己的努力賺到錢。所以，如果有被超越的那天我一定會很開心，因為公司賺錢，大家都賺錢哈哈哈，而且我們的存在是沒有衝突的，因為大家都有自己的特色，會吸引到的客群肯定也不同囉。

5 問：直播圈的新人陸續出爐，如果有一個新人是一匹黑馬，在團體中直播成績優異，會讓妳有壓力或排擠他嗎？

Colleen Lin

答：我一點都不會感覺到壓力，也不會排擠他，我反而會很開心，就像我們後面新秀直播主非常多，如果不夠認真，甚至成長太少的反而會被我鞭策。我希望他們每一個人都可以在李老闆直播集團賺到錢，因為我們各自擁有不同特質，可以吸引到不同的客群。我也會希望自己能更加優秀，不斷進步為自己寫下更多里程碑，也讓新進來的直播主有一個努力的目標，鼓勵他們是真的可以做到的。我也會欣賞能力很好的直播主，甚至給予不同的看法，讓他去嘗試看看。看見他們業績成長，我也會覺得與有榮焉，而且我們是同公司的，一到外面，都代表李老闆直播集團這間公司。**一個人強大沒有用，而我們很多人同時成長茁壯，就可以更長久。**

6 問：如何在直播競爭下又能和李老闆直播集團旗下直播主和睦相處？ mei Ice

答：因為我們擁有不同的風格跟特色，吸引到的客人也會不同，所以我自己不會因為在意業績，**或是因為有競爭就跟其他直播主交惡**，說白了就是各憑本事。並且我能很無私的跟後輩分享自己的直播經驗，他們遇到問題，我也很願意給他們意見，一起聯播我也都會幫忙大家去曝光自己的粉專，拋球給他們，多在鏡頭前展露自己。**對我來說，大家都有成長，都能賺到錢是一件很開心的事。**

7 問：捨棄了什麼才得到現在的成就？如果有人選擇直播事業，妳的忠言是什麼？ Colleen Lin

答：捨棄了非常多的時間跟自由。在前期進入直播，我跟阿北幾乎沒有放假，原本是一週放一天，等於一個月四天假，但我們想要拚業績，除了每天進公司十幾小時，有時候廠拍都是天亮才到家，假日會捨棄那唯一一天假，跑去公司加班，再拚一、兩場湊當月業績。

那時候，除了過年大概兩、三天的假，其他可以說是全年無休，甚至沒有與朋友聯繫。我們都互相笑著說，我們的朋友大概就公司裡面看得到的同事們，還有我們彼此。因為作息都跟朋友日夜顛倒，放假也沒有固定，所以大家根本無法約出去玩，甚至約吃飯都很難，真的擠出時間回去陪家人也就吃一頓飯，吃完就趕回公司準備直播。這樣的生活持續大概兩、三年，一直到後期，才有自己的時間可以去安排。

但也因為自己的成長，要背負的責任與工作範圍更廣，所以沒有直播以外的時間。也許大家覺得我們很閒，其實真的沒有。會議可能開上一整天，也可能要跟廠商聯繫、開發產品親自實測等等，很多工作上的事情都會綁著時間，有時候真的忙完停下來，夜深了才吃今天的第一餐。**所以我想說，所有的成就，都不是憑空而降的**。當然不敢說我自己現在多有成就，**但是有所成長，都是我們努力辛苦累積來的結果**。

如果有人想做直播，我的忠言是：「加油！」哈哈哈，這回答會太爛嗎？就是要全心全意投入，直播沒有那麼簡單，如果大家把它當成副業的方式經營，想要成功太難了，因為沒有經營，就不會有粉絲看，就沒有所謂的黏著度；沒有經營就無法成長，自然也就會被淘汰。應該說現在這個競爭時期，要做直播就一定要有團隊，自己做沒辦法，跟別人拚也會很辛苦。當然，這看大家想把直播做到多大，或是想賺多少，但是真的要堅持。初期會很辛苦，無法言語地煎熬，每一場都有壓力，只能迫使自己成長，不然會一直很小台，之後就會被自然淘汰了。

8

問：想問 Miya 在剛開始投入直播的時候，有沒有想過有一天會像現在一樣發光發熱，擁有很多粉絲和超高銷售業績？

高米如

答：當然會想像，也會憧憬很多前輩，希望自己有朝一日也可以這麼強大。當時有很多直播台突然短時間內竄起，而且都是擁有很多觀看人數好幾千、甚至破萬人那種。對我來說，那些都像偶像一般的存在。**我也會希望自己可以有一天能像他們一樣強大，不知什麼時候才會成功，但我知道我要堅持要努力，有一天一定可以被看見的。**

而確實走到現在發現，自己已不斷超越自己設定的目標，甚至可以有新聞報導或是有專訪，有機會跟藝人同台，或是擁有自己的品牌，很多的經歷都是我從來沒想過的，就連出這本書都是我覺得不可思議的。**希望未來，我也可以繼續努力成為心中很棒的自己。**

9 問：如果時間重來，妳還會選擇做直播嗎？

王叮噹

答：我的人生從來沒有「後悔」這件事，我決定要去做的事就不會後悔，所以再重來一次，我只會更早踏入直播，再更努力一點往對的方向前進。我十分熱愛這份工作，也非常適合，目前人生當中，做過最快樂的工作也是直播。因為這份工作可以讓我學到太多東西了，能讓我擁有自己的品牌及非常棒的商品，也讓我認識這麼棒的你們，也因為你們讓我可以做最真實的自己，享受直播帶來的挑戰與成就感，可以跟阿北攜手一起創業，一起經歷從無到有，一起面對挑戰，一起因為工作爭吵，這些都是讓我們感情更加緊密的關鍵。所以，就算重來一百次，我都會選擇踏入直播這個行業。

10 問：現在進入直播界還來得及嗎？會不會有飽和的狀況？

林小凡

答：沒有來不來得及這件事，任何行業都有飽和的可能。就好比說早餐店跟飲料店到處都有，很競爭也很飽和，但也隨時都會開新店面，還是有人會投資。**對我來說，只有你「要」或「不要」，只要想做並用心去做，你還是有機會脫穎而出被看見。**但你要投入的時間跟心血也是很長的，還有用什麼樣的心態去投入，我覺得都很重要，因為直播真的不像大家看到的只有光鮮亮麗的外表，背後付出的時間跟心血也不少於別的行業。

11

問：請問 Miya 的父母一開始是支持做直播這個行業的嗎？如果反對，是怎麼跟父母解釋並且讓他們認同的？未來如果自己的小孩也想從事直播，會支持或反對嗎？會怎麼告訴他們？

周立華

答：我爸媽從我成長一路上到現在，從來沒有阻止我做任何行業過，因為他們清楚阻止我是沒有用的，只要我想做，誰都攔不住。當然，我自己也很清楚我要什麼，所以他們不用替我擔心，而我也會分享工作上遇見的各種喜怒哀樂給他們知道，所以他們一直都是支持我的任何決定。

當然，他們在直播初期會替我擔心，因為對他們的年紀來說，突然面臨到網路電商時代跟直播崛起，會需要時間消化跟了解，但我爸爸其實比較不希望我太累為主，從我讀書時期都會跟我說，找份可以養得起自己的工作，然後找個好的老公嫁人，生活得簡簡單單就好，應該是身為爸爸的疼愛啦～總會希望自己的寶貝女兒不用太辛苦，然後好好享受生活，好好被捧在手上疼愛就好。但他可能不知道，**自己女兒的靈魂其實是個男人哈哈哈，有大大的野心，還有像獅子一樣的氣魄跟個性。**

至於媽媽，則是默默的給予支持，我想她是世界上最了解自己女兒個性的人，小時候我說謊，總會一秒被發現哈哈，可能連我放屁，她都可以知道我午餐吃什麼那種了解程度。所以她明白我自己會有底線，知道哪些是我可以做的事，哪些我不可能會去碰。她當然會擔心我受傷，但是也知道分析碎念太多是沒有用的。因為，我更喜歡自己去闖蕩，真的受傷了再回去跟他們訴苦，然後，我又會充滿勇氣再次出發。

如果他們反對，我也只會告訴他們，我想要自己去闖看看，你們給我支持就可以了，其他的都我自己承擔；我也在心底告訴自己，一定會闖出一片天給他們看，讓他們知道我的決定是對的。我認為用成績來告訴他們會是最真實的，我相信爸媽對我的了解跟疼愛，一定會放手讓我去闖闖。

未來我的小孩要做任何行業，我跟阿北也都會支持，就像我爸媽從小給我的環境一樣。支持是給孩子最大的動力，當然我們會分析給孩子聽，就像我們的爸媽一樣會告訴我們很多，但我最後會告訴他們：「不要怕，就勇敢的去闖，只要你需要，一回頭爸媽都會在身邊，陪伴你們成長。」這跟無限的溺愛是不同層面，前提他們想走想嘗試的行業，都是正當的，不是作奸犯科，那我們就沒有反對的理由，更何況他們是勇敢的靠自己去闖。

白手起家的話，那我們肯定會支持孩子的決定，如果當初我爸媽非常強硬的不支持我，或是反對我踏出第一步去嘗試，那我也不會有後面這些成就及創下的紀錄。所以，不要給孩子任何設限，讓他們去發揮，說不定他們更優秀能做得更好。

第二篇

關鍵決定後，是更多的選擇

舉例來說，
如果設定一個月要達成兩千萬的業績，
我會一一細分列出條例，
一個月休幾天？剩下幾天可以直播？
如何把業績均分在每天的直播？
要達成多少業績才會達標？
每一場需要安排幾標商品，
每一標需要賣幾組會有多少業績，
我會一一細分後把它規劃出來，
撇除自己無法控制的因素。
我會去關心「原因」，然後去做「修正」，
這樣才會離目標更近。

6

我與阿北最重要的決定——

一起進入直播奇幻旅程

在持續從事直播主這個角色幾個月後，我記得星期一的早晨，老公起床準備要去上班，我睡眼惺忪地爬起來，跟他說：「老公，我想跟你聊聊天～」他說：「好啊！妳說。」

我知道接下來要說的話，對你來說可能會覺得很荒謬、不可思議，但我想跟你一起打拚。

我進到李老闆直播集團後，我們的作息都是顛倒的，完全沒有交流以外，我可以跟你聊的話題也變很少。雖然我知道你現在在公司是課長，薪水大概四萬上下，但你要領這份薪水多久？你也知道再往上升遷的機會很小，就算加上我的薪水，我們以後想要過更好的生活，也很有限，而且我們還沒有結婚、生小孩，沒有什麼好失去的，就算失敗了也可以重來過。所以，你願意離開做了很久的行業，跟我一起去冒險嗎？

在我心裡，阿北的個性非常成熟，做每一個決策，都會做最好與最壞的打算，並且有備用方案，所以「冒險」這個詞彙在他字典裡是沒有的，而我的個性跟他卻完全不同。我告訴他：

「雖然我現在還沒有很大的成就，也沒有把握到底會不會成功，但我想跟你一起去拚一個可能，不要讓人生後悔。」

讓我很驚訝的是，他聽完之後，沉默大概兩分鐘之後告訴我：「好！我下午進公司提離職。」我本來以為他會非常反彈，甚至覺得都還沒看到成績，怎麼確定直播是可行的。

而接下來要面對的，就是花時間與十分照顧阿北的姑丈，以及關心他的家人聊聊這個決定。當然要面對的第一個反應肯定是，為什麼要放棄穩定的工作跟不錯的職位去冒險？而且他的年紀比我大三歲，家人會覺得他已經不再年輕，如果失敗要再重來，不是很辛苦嗎？但所幸最後還是選擇支持了他的決定。

未知的領域　無法預料的風險

就這樣，阿北跟著我一起進入直播的奇幻旅程，我超開心的！因為我喜歡走到哪都可以看到他，生活上的大小事都想跟他分享，甚至在遭遇低潮、挫折與難過時，有他在我就很安心。

直播的前期，老闆安排Vic（阿北的直播名字）接手花爸的牛肉、海鮮直播，但那時候困難的是，直播台已經太競爭了，加上有一些有金主或是集團式的經營，可能別人的賣價*就是我們商品的成本，所以根本沒有任何競爭力。初期還是有客人會跟我們購買牛肉、海鮮，因為我們的品質真的太好了，很多「挑嘴」的客人是可以吃出差別的，即便外面的價格便宜我們的太多，但那只限於少數客人。

因此，一進來就遇到瓶頸的Vic，突然覺得很吃力，除了本身要適應對鏡頭銷售講話這件事，還要適應在觀看人數不高的情況下，如何持續好幾小時自言自語的對話，以及開場如何吸睛，讓客人在眾多直播當中滑到你的直播，願意點進來並且停留，這都是身為直播主的功課。幸好公司還有精品部門，可以讓我們多多嘗試，並且有轉換銷售商品的空間，就這樣第一場的精品直播開啟啦～

每一場直播都是新的體驗，都得絞盡腦汁思考，如何更能吸引線上的觀眾觀看、下單、購買，從完全不會下廚，到上網學習如何將牛排煎得完美、好吃並且學會擺盤，以及如何在鏡頭前更專業的介紹每一個部位的口感，甚至是不同品種的牛肉風味，對我們而言，這一切的一切都是新的開始，全新的一切與生活。

對於從來沒有接觸過的行業，你問我會害怕嗎？當然會！！！而且我們夫妻一起進入這行業，等於把雞蛋放在同個籃子裡，風險肯定更大，也因為如此，讓我下定決心，只許成功不許失敗。

也許你會覺得瘋子才這樣冒險，因為我們並沒有富裕的家庭，可以支撐我們所謂的夢想，也沒有好的家庭背景，可以讓我們無憂無慮。但也因為這樣，我們彼此願意一起冒險的心更加難能可貴。**因為願意一起承擔冒險背後的失敗，願意一起享受築夢的過程，就算失敗了，還有彼此陪伴在身邊，人生只有一次，我們沒有重來的機會。**

Miya 的正能量語錄

我現在還沒有很大的成就，也沒有把握到底會不會成功，但我想跟你一起去拚一個可能，不要讓人生後悔。

Miya 的直播關鍵字

- **賣價：**直播當下商品的定價。

7 挫折的每一刻——無法衝高的觀看數及渺小的薪資

一開始都會有粉專原始的老鐵粉上線支持，但他們漸漸發現可能商品價格不吸引人，或是在直播當下介紹得不夠動人，一場直播下來只有幾千塊甚至更少的銷售額。老闆可能也看出我們的焦慮，所以在一開始有給我們底薪，一個月直播滿一百八十小時，底薪有一萬五千元，剩下的就從賣出的商品中來抽成。一個月我們只給自己放四天，也就是每週一天的假，也因為線上觀看人數太少、互動很少、話題很少，所以一天要播到三、四場來湊時數與業績。

因為我們在牛肉、海鮮市場非常競爭的時機進場，加上開發票及公司管銷*，商品成本變得很高，又為了有機會跟別台競爭而壓低售價，導致利潤非常少。所以領到薪水那一刻，我們夫妻一起迷惘那麼一下下。Vic的薪水大概在六、七千塊，因為當時牛肉和海鮮的種類不多，加上開播的觀看人數很少、互動也很低，因此很多場直播都只能一個多小時就下播，撐不到公司規定的底薪時數。我的好一點，加上底薪大概在兩萬出頭。

但這樣遠遠不夠生活基本開銷，只能拿出從前微薄的積蓄，度過每個月的透支。我們一起設下時間點，如果努力一年還沒辦法有所成長，哪怕只有一點點，那我們就放棄直播。但在這之前，不管多艱難、多沮喪，都要鼓勵彼此一起堅持下去。

正如我前面提到的，我們願意一起承擔冒險背後的風險，也一直鼓勵彼此不要放棄，再堅持一下，一定會被更多人看見，再更用心一點跟別人不一樣，一定可以吸引到更多人。不過，現實卻是每當一次次的告訴自己「要加油喔！」但按下開播鍵後，看見極少的人數，瞬間心情就受影響，業績當然也就因為人數不多而無法衝高，最後只能帶著失望的心情，按下結束直播，自己坐在角落失望地沉澱心情，就這樣持續反覆了好久好久。我們也想過放棄，但就是不甘心，覺得自己沒有理由不成功啊！

Miya 的正能量語錄

簡單來說，為自己設定一個非常難達成、擁有強烈慾望的目標後，之後一次次的低潮，你都將能自我釋放負能量，並再度充滿希望及動力，朝著這個目標前進。

Miya 的直播關鍵字

・管銷：指公司的各種開銷，包含發票、年度稅額、營業稅、人事成本、包材等隱形成本。

8 做別人還沒開始做的事——全台第一盲包廠拍直播主

正當我們努力試盡任何辦法，包含扮醜、用沒有舞蹈細胞的肢體跳舞，或是穿上平常不會穿的服裝風格（露奶、超短裙那類）去吸引客人，但還是留不住眼球之際，老闆達哥這時候帶來一個消息。

他說剛好跟朋友搭上線，表示現在很流行「盲包*」，像是淘寶或在其他購物平台上購買物品的消費者，可能棄標沒有取貨，所以會有很多無人領取的包裹被退回物流中心，於是盤商會把這些貨用一個價格全部秤重切*回來。達哥說：「因為都還沒有人賣過，說不定有機會可以吸引線上觀看人潮！如果你們想去試可以安排嘗試。」我跟老公兩個人對看一眼，異口同聲：「去‼」

一開始由我先去賣，看著太約兩、三百坪的倉庫裡都是包裹，也沒有人教我可以如何賣，但思考一下後，我就開始第一場的「盲包廠拍」。大家都很好奇包裹裡有什麼東西，而且有袋裝、箱裝、也有大有小，於是我就抓幾個包裹，拆開給大家看都有哪些商品，發現東西非常多元，有衣服、鞋子、包包、3C產品、生活百貨，甚至連平板都有，原來大家會上網買非常多元的品項啊。

第一場業績衝到十萬

但我還是不知道該怎麼賣。因為我無法為那些商品訂價，於是在邊直播邊運轉頭腦的情況下，突發奇想乾脆自己抓包裹，有大有小平均隨機抓五、六個包裹，放在桌上讓客人零元起標，時間一到，標到六百元，我就請小幫手幫忙列印標單，直接貼起來給得標的客人。接下來大家反應超好，於是我就開始繼續隨機抓包裹，讓客人先喊加一就先得標，殊不知因為太新鮮也太超值了，所以小幫手完全來不及加單，而且當下我是不幫忙拆包裹的，讓客人收到包裹後，自己拆封才有驚喜感。

後來我突然想到，可以直接開標喊單六百加一全部入單，包裹有大有小，並且保證隨機出貨。有時候一箱包裹裡會有好幾個商品，換算下來很超值，於是我的第一場盲包廠拍業績最後高達十萬！下班回到家我抱著老公又叫又跳，對我來說，這就像天文數字一樣的金額，我卻做到了！而且直播人數從維持很久的三、四十人，直接衝到兩、三百人！

業績回報以後，連老闆達哥都嚇到，從第一場派一位小幫手跟我去現場，到後來因為當時公司規模沒有足夠人手，連達哥本人都親自到現場，幫我把包裹抓好貼上客人的小白單*，連續好幾場業績跟人數都創新高。我就像在茫茫大海中抓到浮木一樣，期待接下來的每一場直播再創下佳績。後來我直接一週安排兩、三場，下班回家都很認真看其他台的直播做功課，那時我可以說是全台第一個把盲包搬上直播的直播主，就連賣牛肉、海鮮業績依舊沒有太大起色的老公，都跟我一起去賣盲包。

炎熱夏天鐵皮屋直播到中暑

那時是非常炎熱的夏天，要到鐵皮工廠裡直播，對非常怕熱的我來說超級難受，幾乎是每去必中暑，甚至在經期來的期間，經痛嚴重到一關播，我就立刻找一張桌子躺上去，完全動不了，熱到中餐、晚餐都吃不下。我們常常都是下午兩點左右到廠商那邊準備，然後下午一場直播、晚上一場直播，有時候買氣很好，就會深夜再加開一場，所以下班關機那一刻，經常是整個人虛脫，而且回到家也都半夜兩、三點，隔天大約早上十點左右，我們又會進公司繼續準備下午的直播。

正當我們以為業績與觀看人數大幅成長時，這波商機被嗅到了，當時夜市也很常看到盲包攤販，消費者在不拆封的情況下，看外型挑選想買的包裹後，秤重購買。但有些商人會在包裹切回來的時候動手腳，拆開包裹將比較值錢的產品調包，所以大部分夜市買到盲包的客人，打開後肯定會覺得買了一堆垃圾回家，那時候這樣的情況流行到甚至上了電視新聞。

當時公司的另外一位老闆認為，盲包開始出現反彈的聲浪，很多客人當下買的時候很開心，回去收到不是自己喜歡的包裹就會客訴，擔心我們的直播也會產生負面評價，要我們想看看是不是不要再賣，達哥則是很尊重我們的決定。

對於我與老公來說，好不容易看見了成長的機會，不管是業績或觀看人數，當然不能就這樣放棄，而且我們真的沒有調包包裹裡的東西，甚至還有客人會上線反饋，說自己收到價值很棒的包裹。

於是為了減少棄標與客訴，我們討論換一個方式販賣，首先把包裹拆開，讓客人知道裡面有哪些商品後，再零元起標，標多少都不擋，一整桌上拆五、六個包裹，產品非常豐富，讓需要這些商品的客人可以用優惠的價格買到。而確實也因為換個方法後，我們讓原本快退掉熱潮的「盲包」多延長好幾個月的直播壽命。但我們也因此了解，未來轉型的必要性。

Miya 的正能量語錄

好不容易看見了成長的機會，當然不能就這樣放棄。

Miya 的直播關鍵字

・盲包：不知道裡面是什麼商品的包裹，來源是網路購物被棄標、無人領取的包裹，統一集中至貨運公司。

・切：就是「切貨」之意。大盤商直接去跟銷售端談，不分商品都直接談一公斤賣多少錢，把商品簡單化進行的買賣動作。

・小白單：直播當下客人喊單以後，我們的後台會有小白單去顯示客人臉書名稱、喊單金額數量跟直播時間等詳細資料。

9 繼續下一個冒險之旅——

靠廠拍闖出口碑

就這樣踏入直播半年後的某天半夜，又是一個凌晨三點到家，我拖著疲憊的身軀，坐在沙發上放空，問老公：「我是不是做錯決定了？我們接下來該賣什麼？收入要什麼時候才有機會變高？」我們在一起快十年了，不管風吹日曬雨淋，都騎著我們的小橘G5上山下海，真的好想買一台車，哪怕是中古車也好，至少可以遮風避雨，真的好想好想改變我們的人生。

接下來我們繼續不斷嘗試不同方向，當然非常感謝老闆達哥給予我們空間與尊重，一般公司都是公司叫你賣什麼商品、賣多少價格都是被設定好的，但是達哥只會詢問我們的意見後，便放手讓我們去做，遇見問題後再開會討論一起進步。後來，我們在花媽的建議下嘗試了歐風小物，例如：大理石盤、玫瑰金湯匙、皮革衛生紙套等等與少女心有關的周邊商品，從挑貨、入庫、包貨、出貨都是我們夫妻倆一同完成。

之後還有接觸到的廠商，有賣餅乾、百貨、乾洗髮、零食、小家電、行李箱、包包、寢具等商品，對我們來說，可以去嘗試吸引客人的商品，我們都願意去賣，也陸續開始接觸「廠拍」這類直播——背景是很大的倉庫畫面，由廠商提供商品，我們在倉庫直播，業績再做分潤。那陣子超多直播台都在做廠拍，畫面感非常吸睛。直播產業變化非常快速，讓我們沒有時間想太多，反正都去嘗試就對了。

Miya 的正能量語錄

沒有所謂的天花板——永遠不要給自己設限，並且狠狠逼自己一把，才知道你的極限在哪裡。

Miya 的直播關鍵字

・廠拍：直接到各大倉庫直播。中上游的廠商都需要囤貨，因此零食、生活百貨這類的廠商都會有很大的倉庫來放置商品，我們則去現場直播拍賣。

10 直播路上的貴人們——前輩兼戰友花媽、永遠的靠山老闆達哥

我們夫妻倆開始直播的這條路上，出現很多的失望、沮喪、挫折及低潮期，但花媽總是非常正能量的給予鼓勵，告訴我們可以如何改進、再努力試看看。其中印象非常深刻的是有一場直播，我們到台北廠拍賣生活百貨，一開始是廠商對花媽的邀約，花媽直接告訴對方：「我妹妹 Miya 也要一起去，如果不可以的話，我就不要去了。」聽到這段話時，我非常感謝及感動她願意這樣帶著我們。還記得那一場廠拍現場，工作人員超多，至少二十位跑不掉，大家就直盯著我們直播，超級緊張！

開播前，我抓著阿北的手說：「好緊張喔，我的觀看人數很少，業績一定很爛。」果不其然，第一場下播以後只有幾千塊的業績，我超級失落，因為我們一趟路跑到台北直播超級遠，花媽又那麼用心推薦我，但我永遠記得花媽霸氣地拉著我的手說：「哪有關係，賣不好就再一場啊！我陪妳。」於是我收拾好心情後再開一場，花媽認真的教我如何開場聚客*，帶氣氛

後開始刷商品＊。我記得那一場是生活百貨場，我也跟著用力介紹商品，下播後做了十萬業績，真的非常感動。

帶我聯播　讓更多粉絲看見

花媽看著廠商驕傲地說：「我妹的直播才幾十人看，而且進公司沒有多久就做出這樣的業績，超棒的！」還看著我說：「妳的情緒都會透過鏡頭，讓螢幕前的觀眾感受到，所以不可以因為觀看人數少，或是業績不好就自己放棄。要從開播到關播，都始終如一的用心介紹商品，堅持到最後一秒按下關播。如果業績不好，也不要沮喪，再開一場總會進步，不行的話就再來一場。」

經過那一場廠拍以後，便開始有非常多廠拍的邀約，零食類、生活百貨、女裝、美妝保養品、花媽都會帶上我一起聯播，讓我被更多粉絲看見，被更多廠商看見，我也透過每一次的直播，從花媽身上學到非常多經驗。

我與花媽是一段非常非常神奇的緣分，四年多來我們一起經歷彼此的重要大事，她參與了我被求婚、懷孕、生小孩，而我則參與她的每一年生日，就像家人般的感情，一起鼓勵彼此、一起努力玩樂、一起努力工作。

在她身上，我看見比我更豁達的個性。我自認是個樂觀的女孩，但面對工作的事，我太容易給自己很大的壓力，太想證明自己可以做到設定的遠大目標，所以會因為直播上的表現不好，或是業績不佳而陷入情緒裡。這時候花媽會帶著我去吃個宵夜，讓我一秒抽離情緒裡，她永遠都會說：「哪有關係，明天再努力一場啊～妳已經很棒了！下次一定會更好。」真誠又溫暖的鼓勵，帶我一次次越挫越勇。

Miya 的直播關鍵字

- **聚客：開播當下需要請粉絲幫忙分享直播，讓更多人看見我們的直播並將客群聚集在一起。**
- **刷商品：直播當下會讓客人用留言的方式來喊單及購買商品，「刷」是代表很多的意思，也可以稱「刷留言」。**

達哥是我的伯樂　懂得指引我正確方向

我到現在都一直很感謝遇見老闆達哥，他是改變我們夫妻最大的貴人。一開始進入李老闆直播集團時還沒有太大的感受，因為當時我只是小幫手的職位，達哥當然不太會特別關照，一直到半年後，我提出要當直播主時，他詢問「想賣什麼？」並且給予方向之後，就放手讓我去做。這件事看似沒什麼，卻讓我往後的路越走越廣，讓我成長到現在越飛越高。

我就像一匹好馬，遇見達哥這位伯樂，他懂得給我對的方向，但不會強迫我該怎麼做，或是要求我照著他的想法。因為我腦海總是有很多的想法，想要去嘗試去闖，而且喜歡自己親自體驗以後再來修正，不喜歡別人先告訴我會發生什麼結果。就算跌倒我也要親自跌一次，因為我不認為自己一定會發生大家所預期的狀況，覺得說不定我就是那個可以成功的人呢！如果先聽別人說，就選擇放棄不去嘗試，那我可能就跟成功擦身而過。

而且，初期觀看人數不多時，一場大概只有幾千塊業績，達哥總會正面鼓勵我說：「雞排店一天要賣多少片才有這個業績？妳已經很棒了！」他總是用邊開玩笑邊鼓勵的方式，而不是責怪或謾罵，也不像一般的老闆這麼嚴肅有距離感。當我想嘗試韓妝時，他也是馬上答應，然後聯繫採購批貨，從來不會馬上說「不！」或是拒絕我的任何想法，這是我非常感激也很欽佩他的地方。對於一個有自己事業的老闆來說，他願意給我很大的空間發揮，他總說先去試之後，我們再修正方向及討論。

達哥的經典名言我永遠記得，有一次開會他說：「**越花越有錢！**」我當下心裡想說是在跟我開玩笑嗎？你當老闆當然有錢啊，我們口袋皮夾存摺都空的，甚至連這個月可以有多少薪水都不知道，你跟我說越花越有錢？起初我不懂，但也因為從他身上學到很多，我才能在多年後的今天，回頭看那些過程時特別有感觸，甚至現在與後輩分享。

那時達哥的意思，其實是當你們有了目標以後，就會更有動力去賺錢。例如大家都害怕買房子，因為擔心頭期款拿不出來，因為害怕背房貸，不敢去想有一天自己也可以靠自己買房子。但是當你給自己這份壓力以後，你可能就會更用力拚命，會想著這個月播的場次夠不夠下個月支付開銷，於是，你會更有動力加開直播場次，而且會想辦法讓自己在短時間內成長更迅速。

別人眼中的幹話　竟是成功的眞理

這是我第一次發現，我的老闆達哥是如此與眾不同，於是我開始朝著他給的方向前進，不管他說什麼，我都說：「好！」然後開始很努力的去實踐，默默耕耘一直堅持下去。你問我會不會想放棄？答案肯定是會的。我在無數個夜晚想要放棄，因為我看不見未來……我看不見哪一天是成功的那一天？哪一天是賺錢的那一天？老闆只說：「有一天機會來了，時間到了，就是妳跳上去的時刻。妳問我什麼時候？我也沒有答案給妳，但妳要相信繼續堅持下去，只要方向是對的。」

這段話看似在一般人眼裡，只會被解讀成幹話，甚至不會被聽進去，大家只會想你是老闆、你開好車、賺大錢、你吃好料、出國玩樂，卻告訴我要堅持下去？我一個月跟阿北兩個人，薪資加起來領不到三萬元，生活都快成問題，一般人早就放棄了、早就離開了，但我知道，這是我的選擇。我要用盡全力去嘗試，最後就算失敗了，我也心甘情願。

我也明白了一句話：「**所有的成功都不是偶然，機會不會從天而降。**」以前可能覺得這都是成功人士講的，跟我無關甚至無法理解體會，**現在回頭看就會發現，堅持是一件很難的事**。初期進入直播的我與阿北，每天早上起床到公司，開始準備當天的直播，回著少少的訊息，包著不多的貨，想著該如何創造業績，一直到深夜下播，拖著疲憊的身體回到家，日復一日到領薪水的那天，繼續低落的看著彼此，然後問對方：「要繼續堅持嗎？還是該離開放棄？找份工作過著平凡的生活？」

但每次想到這裡，我都會一秒打斷自己的負面情緒，因為我相信我可以做到，一定不會只有領死薪水，我不甘心如此。老闆達哥也會給予滿滿的鼓勵，很多時候他會想辦法，讓我這匹好馬跑起來，所以他開始設定目標，例如當月業績達標就有額外獎金。果然是對症下藥，聽到這裡，我會立刻滿血回歸，充滿能量的與阿北討論，要如何分配直播時間及場次。隨著一次次的達標，這份工作也開始帶給我們小小的成就感。

工作狂老闆　無時無刻秒接訊息

而且，我必須說老闆比我還瘋狂，身邊認識我的人都知道，我已經算工作狂了，無時無刻手機拿著就開始工作，除了直播當下以外，還有很多事情要聯繫和親自處理與參與。但老闆是無時無刻打給他，他都會秒接，真的很猛！可以頒獎給他的那種哈哈。他說：「只要你們有任何想法，隨時都可以打給我討論，我一定都會接。」所以這四年多來都是這樣，只要我想辦活動，或是突然有靈感，就會立刻打電話與他討論方向，他也會聽完以後秒吸收，然後回饋意見，建議我可以朝哪個方向嘗試，但他最後都會補上一句：「達哥是給妳方向，最後決定權在妳手上。」

這真的是外面公司裡很難遇見的老闆類型。通常公司都會有所謂的SOP，員工只要照做就可以了，根本不用說像我這種很難馴服、太有主見的員工。在某些老闆眼裡，可能會對我很頭痛吧！一直到後來我慢慢成長以後，我會用業績或是銷售量告訴老闆達哥，我這次的活動及方向的結果是對的，達哥也就會慢慢給予更多空間，我可以不用每一次的想法都打給他報備才能實施。

簡單來說，我把自己的平台與品牌，都當成自己的事業在經營。

你希望呈現什麼樣的風格或是商品，以及想讓粉絲擁有什麼樣子的購物體驗，都是需要自己用心付出的。老闆能給予方向，但實踐、進度等等都是自己去安排。

就如現在來說，我也會這樣告訴新秀的直播主們，**下多少工夫時間在哪，成就就在哪**。而且現在新進來的直播主們真的很幸福，擁有前輩的經驗分享，還有同台曝光的機會，粉絲也會分享給新平台。但能不能抓住粉絲的目光，還是要看直播主自己的本事。公司穩定成長後的資源，包含廣告部分或是藝人合作曝光，還有OEM*的產品，我們花時間一步步走到現在，慢慢經營，好的反饋與回購率*都是相當高的。新直播主們都可以慢慢獲得這些資源，至少一開播時不致於像我們以前那樣，人數真的淒慘稀少的可怕。但最後還是取決於**不同的用心程度，得到的結果肯定不同**。

老闆達哥也常常告訴大家：「該工作的時候，用心努力的朝對的方向前進，該玩就放開一切好好的玩。」一面對這份如此高壓的工作，他也會提醒，如果真的沒有靈感及方向，或是負面情緒真的太多的時候，就放下工作，出去走走玩個兩、三天再回來。我們的工作其實自由度很高，但相對的你播的少，當然業績低，收入就會少，跟外面的業務性質其實是一樣的。

我必須說，達哥是個非常棒的老闆，對直播主來說，他非常有遠見，總會時常在工作群組裡鼓勵大家，也會常分享一些成功人士或是老闆等級的人物的影片給大家看，激發我們有不同的思維。

感謝老闆一路上讓我一直可以開開心心的做自己，從來不會要求我改變。鏡頭前呈現的就是最真實的自己，這一點非常重要，能給我們一個舞台，好好展現屬於自己的風格，還能夠支持我做任何想做的產品，甚至會不斷走得更前面、為我們鋪路，思考如何可以讓我們獲得更多的曝光，或是賺更多的錢。他常常說，我們賺很多錢，他其實比誰都開心，因為這表示我們跟著他是對的，真的都有賺到錢。老實說，這社會其實大多數人都不希望看見別人過得比自己好，這是一件很殘酷的事實。

我非常感謝直播這條路上，遇見這麼棒的老闆達哥，讓我們的努力沒有走錯方向，堅持的這些年終於有所小小成就，能讓這些年來的我，用自己的經歷寫下這本書，以及對正在閱讀這本書的你，分享所有的點滴與一路走來的心路歷程。

Miya 的正能量語錄

一個人強大沒有用，但我們很多人同時成長茁壯就可以更長久。

Miya 的直播關鍵字

・OEM：原始設備製造商（英文 Original Equipment Manufacturer 之縮寫），表示由某家公司依據另一家公司特定的委託需求，包含企劃、設計等都完全依照委託廠商的需求製造，並提供其產品。

・回購率：首次購買後，再次與我們進行業務往來的客戶比例。

十萬粉絲的快問快答時間——

如何突破／找回工作熱忱

1

問：給自己訂定目標後，除了全力以赴，還有甚麼實質上的建議可以提供嗎？定下目標後會遇到的瓶頸，能如何突破？

陳薰榛

答：這問題非常好！我覺得實際去實踐是最困難的，好比說很多人會喊著「我要賺大錢」、「我今年要買房子」的口號，然後依舊過著一成不變的生活，沒有任何實際的作為。

舉例來說，如果設定一個月要達成兩千萬的業績目標，我會去細分列出條例，例如一個月休幾天？那我剩下幾天可以直播？把業績均分在每天直播，要達成多少業績才會達標？當數字太大，我可能一天會播兩場或是三場才能做到，那每一場我需要安排幾標商品？每一標我需要賣幾組會有多少業績？我會一一去細分後，把它規劃出來。這樣按照我的規劃，就很有可能達標，再來撇除我無法控制的因素，例如當天銷售組數沒到或是觀看人數比較少，棄標率偏高等等，**我都會去關心「原因」然後去做「修正」，才會離目標更近，而不是只有嘴上喊喊「我要做兩千萬業績」**，那我可能喊整年都沒機會達標。

遇到瓶頸一定會，可能沒有自己預期的好，或是有些意外會出現，又或者身體突然不舒服就會少一場直播啦，這樣下一場業績目標就需要往上增加，才能把這場的一起扛起來，諸如此類的。**通常我比較偏向設定目標以後，卯足全力上緊發條，讓自己在還沒月底以前就想辦法達標，然後，後面的天數就可以比較放鬆。但這樣的方式未必適合每個人，因為這攸關你有多強的野心，想要去實現這個目標。**

而我們這行業也比較偏向自律型，你想放假就放假，也不會有人逼你要直播，甚至連休都可以。但是沒有直播就沒有收入，對我來說，我也會覺得這也是負責任，對你的粉絲來說，好比說你今天預告晚上要直播，但可能你突然朋友有約，就取消直播，久了粉絲對你的黏著度也會下降，或是你突然取消的次數多了，粉絲也會變得沒那麼在意你的直播與預告，因為他不是只有你這台可以選擇跟消費。

基本上，現在可以說是二十四小時隨時都有直播台正在直播，這些都跟你會不會達標息息相關。**所以，我只會有一個聲音就是「我要做到！我想證明給自己看，想證明給別人看，**

我 Miya 是做得到的」。這種心理的意念很強大，大到足以帶領自己去突破，我覺得這用文字太難敘述了，也太難感同身受，要等到有一天你們擁有一件自己覺得充滿挑戰的事，而你也很想征服它的時候，就能理解我想表達的意思。

2 問：請問 Miya 遇到工作怠惰了，要怎麼找回原本對工作的熱忱？

penny Chen

答：這問題超好！**我想說只要是人一定都會累，不管你對自己的工作有多熱愛，都會感到疲乏，有時候是體力上覺得無法負荷，有時候是心理壓力層面太緊繃了，但你對這份「工作」本身是不會厭倦的。**

我也曾面臨完全沒有動力直播，沒有動力上線跟大家見面、甚至銷售產品的情況。這時我就會選擇出去放鬆一下，可能遠離市區，這件事很重要。然後，強迫自己放下群組的粉絲，以及工作相關的事情，讓自己好好放空，再回去看看以前直播的影片與很多當時的照片，還有粉絲給我的每一段鼓勵的話，都會讓我更珍惜現在，也會讓我瞬間充滿很多力量；或是去看場電影，也都可以讓我重新找回對工作的熱忱，非常推薦大家去試試看唷。

3 問：請問如何說服自己面對重覆性較高的工作內容，但卻還要保持滿滿熱情，而沒有職業倦怠？

Amber Hong

答：不可能沒有職業倦怠，因為我們是人不是機器，尤其在前期，我們幾乎每天都要兩場直播，平均在線時間單場都是三、四小時，要有說不完的話，基本上一關閉直播的當下，整個人都會先放空，沉浸在自己的世界裡休息，完全不想說話。我們一直慢慢成長到將近一年，才開始減少直播場次，讓自己可以轉變方向，好好籌備每一場直播，把重心稍微轉換一下，同時也需要時間開發產品等等。

但是，很神奇的是，我幾乎無法教其他人怎麼做。**這就像與生俱來的能力，我天生就是要吃這行飯，不管上一秒處在什麼樣的情緒，我一按下開始直播鍵，就可以瞬間開朗活潑，可能是因為真心喜歡這份工作而不是應付。**我看見熟悉的粉絲帳號，甚至是追蹤我很久的粉絲上線，就會無比開心跟大家聊天，哪怕只是一件很小的事，我都可以真心的像在與閨蜜分享一樣侃侃而談，然後用一貫開朗的笑聲回應。

我希望上來看我直播的粉絲，都可以透過我的笑容，或是我的直播紓解今天的壓力，讓

最近遭遇的低潮有一個管道可以抒發；我也會希望透過螢幕，把我的快樂渲染給大家。所以，我想這個答案應該是「真真正正真心熱愛這份工作」，就不會倦怠，就能一直保有熱忱。當然，這並不容易，我真的是非常幸運能擁有這麼棒的工作。

第三篇

好事與瞎事，都要成爲前進的動力

未來太難說了，
與其花時間去擔心思考「未必會發生的事」，
以及「無法掌握」的事，
不如想辦法讓當下的自己去努力奮鬥。
積極樂觀是我的心態，
希望正在看這本書的你也能被我渲染。

11 再不定位就晚了——直播界全素顏賣美妝品勇闖新出路

就在我跟阿北進入直播業的半年後，我們發現雖然任何產品跟方向都去試是對的，但這樣的客群無法定位，無論性別或是年齡層喜好，都會非常難掌握，客群也會沒有黏著度*。因此在一次因緣際會下，我們去賣了日本美妝保養品廠拍，我發現剛好滿多東西都是我平常逛藥妝店有買到、用過的，於是介紹起來得心應手，也相當有自信將產品試用在臉上與身上。廠商都很訝異我的介紹比其他很多直播主還要更仔細、用心、生動，那一場業績也創新高來到二十萬，我也突然發現賣起來好有自信喔，客人也會因此被吸引而購買產品。

於是，我們短期內就開始定位在保養美妝上，那時候我想到很多女生都喜歡韓國保養品，於是我打電話給達哥，跟他說我想試看看進貨韓國美妝保養品來直播。那時候直播台幾乎沒有人賣這領域，他一口答應。我記得第一批保養品到貨時，因為不敢下單太多數量，幾乎每一種品項都只有進貨十個、二十個，但沒想到第一場直播後，所有產品竟然直接秒殺，我嚇到！因為出貨架直接爆開*。

那時候我是全台灣少數的「素顏直播主」，我都自嘲自己是全智賢的妹妹「全素顏」，而為了加深粉絲對我的印象，也會把產品使用在自己的臉上，並且仔細地介紹，讓粉絲直接透過觀看直播，了解如何使用。恰巧那時候臉書開始有廣告可以使用，所以人數成長很多，也讓我很驚訝。

之後我跟阿北說，你回去做功課跟我一起賣美妝保養品。他一開始很抗拒，因為對男生來說，那些瓶瓶罐罐都長一樣，根本不曉得有哪些步驟與功能，於是我說服他：你看會在直播上賣東西的直播主，不管是哪一類別，是不是女生基本上佔八至九成，男生真的很少很少，所以你要如何與別人不同？你想想看，全台灣能有幾個長得帥、又會介紹美妝保養品的男直播主，是不是很讓人印象深刻？而且，你可以把這些產品介紹很詳細，表示你很用心做功課，肯定可以打動很多人啊！

✧ 阿北也上陣賣美妝

於是每天下班後我都給他功課，從保養步驟開始上網了解學習、隨堂測驗，接下來介紹面膜的種類差別，以及使用方式、頻率等等，邊洗澡也要邊考試，開車、吃飯甚至睡前我都會抽考，就這樣在他用心做功課的同時，他也開始上陣賣美妝保養品。我到現在都記得，他第一場的美妝保養品直播，就他一個人，在沒有我的幫忙介紹下，他賣了十萬業績，連他自己都嚇到。下播後我對他說：「你看我就說你可以的！」接下來也建議他開始了解更多細節，每一項要介紹的產品都必須了解品牌故事，這樣一來在直播上介紹產品時，就可以更加生動，客人也會覺得你對產品了解得非常透徹，進而更有信心購買。

就這樣，在他堅持努力每天都進步一點點的步調下，也讓更多人在直播上看見，有一個大男生在賣美妝保養品。我們也自行創 LINE 群組，讓有購買的朋友可以加入，在收到商品不會使用時可以馬上詢問，也會把產品介紹跟使用方式建立在記事本，讓大家可以查看，提供更好的售後服務給我們的粉絲。

Miya 的正能量語錄

你可以把這些產品介紹很詳細，表示你很用心做功課，肯定可以打動很多人啊！

Miya的直播關鍵字

・黏著度：顧客忠誠度（Customer Loyalty）又稱「黏著度」，是指客戶持續購買同一品牌的產品或服務。

・出貨架直接爆開：商品進到公司以後會先入庫，由倉儲部門將商品種類及數量輸入進電腦後，待我們直播銷售後，再將商品販售的數量搬運至出貨區。出貨區爆開是因為一場直播上賣出的品項跟數量相當多。

12 那些讓人激勵的時刻——終於輪我們破百萬業績了

從一開始直播時，每種品項進貨都是十盒左右的量，隨著業績成長，我跟阿北開始每種品項開始叫到五十左右的數量。一場接一場的努力之下，還記得有一天我們兩人搶著直播，因為大家都瘋狂買到爆，第一次看到一個品項出來可以一分鐘之內加完，對我們來說是很大的成長。

有一場直播更讓我到現在印象深刻，那次整場都賣美妝保養品，價位約兩百至五百，竟然賣到一百萬元的營業額，等於平均賣了兩千件商品。那天下播我們都覺得不可思議，一直盯著業績表，還傳到公司群組：「賀！Miya 跟 Vic（阿北直播的名字）營業額破一百萬。」全部的員工與老闆刷整排「恭喜」跟「開心」的貼圖。

每一場直播，我們都花很長的時間了解產品，如何試用在臉上，甚至鋪梗增加銷售量。但是我們也慢慢觀察到，其他直播主也開始接觸韓國美妝保養品，於是出現了我們最不想看見的「削價競爭*」。多少都會有些客人私訊客服抱怨，一樣的商品及規格哪邊賣多少，我們卻賣貴了多少。剛開始遇到時，我也很挫折，因為我們確實有管銷，所有商品保證都是正品，而且都是空運來台，會有關稅等等的隱形成本*，但對客人來說他們不會看見這個層面。

不滿現狀　珍惜每一次機會

於是我們開始調整心態，學習「教育」客人，告訴粉絲如果到其他平台購買，可能沒有那麼完善的售後服務，或是沒辦法確保商品是否為正品，也不會有直播主親自使用在臉上，介紹的這麼詳細對吧？我會告訴大家，我們賣的產品不會是最便宜的，但也不是最貴的，而且我可以確保從我們手上出去的商品，來源絕對沒有問題。大家當然能自行評估喜歡的平台、可以接受的價位，至於找誰買，我真的沒關係！但是用在臉上的保養品，我認為真的不要因為便宜就去購買，若皮膚受傷了，反而得不償失呀！於是我的粉絲對我的信任度與黏著度也慢慢培養起來，雖然觀看人數不高，但每位粉絲的平均消費力都很好，平均一個月都可以有兩、三百萬元的營業額。

這些成長也使得我們擁有更多動力去堅持。**我自己本身也是不容易滿足現狀的個性，喜歡設立目標，逼迫自己去達成，因為我覺得既然能做到這個業績，那下一個階段一定還可以更好，就這樣一步一步去證明自己。**

直播真的沒有大家想像的簡單，每一場都需要絞盡腦汁思考如何吸睛，在開場的時候才可以更加順利。其中有一場直播讓我印象最深刻的是，我們跑到台北直播，那是一場生活百貨類，產品是我都沒接觸過的「行車紀錄器」，沒想到也是創下滿高的營業額。對於當時的我們來說，雖然廠拍要付出太多時間，包含來回車程、直播當下及開播前後的準備，分到我們身上的薪水其實都不多。**不過，我們珍惜每一次可以被廠商看見的機會，可以被更多粉絲看見。就是靠著這樣的「渴望」，促使我們擁有很大的動力去前進。**

Miya 的正能量語錄

珍惜每一次的機會，找到促使自己有動力去前進的「渴望」。

Miya 的直播關鍵字

・削價競爭：指的是一再將價格減少至比競爭對手來得低的商業行為。

・隱形成本：一種隱藏於經濟組織總成本之中、游離於財務監督之外的成本。

13

那些直播帶來的考驗及點滴回憶——

第一次韓國連線直播卻遭鎖台

公司慢慢看見韓國美妝保養品帶來的營業額時，我們也同時和老闆開會討論，或許可以嘗試飛韓國直播連線，除了讓買氣更好，而且都已經到了當地，粉絲自然不會疑慮商品的真假，我們甚至能賣更多的類型，包含飾品、女裝、包包等等的韓國商品。

老闆聽完馬上同意讓我們去嘗試，於是我與花媽便帶著我們的團隊出發啦，超級期待可以因為工作一起出國，而且是女生肯定買到爆的韓國。

第一次到韓國落地那一刻，我完全無法控制興奮的心情，一路衝向批市*。看見滿滿的整條街，全部都是美妝保養產品，我超開心的辣！由於我們第一次去韓國直播，所有的流程都要自己建立，先挑想賣的產品回飯店做功課，然後定價產品再開播，殊不知這樣花了超多時間。更累人的是，我們隔天需要親自去批市，把賣出去的商品數量扛到貨運行，打包後空運回台灣，還要花時間再去找新商品來賣。

第一次去了五天，突然發現代購真的不是人在做的，尤其韓國的批市都是半夜才開業，等於我們扛貨完天都亮了，回飯店梳洗後睡個兩、三小時又準備要開播。因為當時觀看人數不多，所以需要用很多場直播來換取營業額。

就在我充滿鬥志播了一、兩場以後，再下一場開播時發現，我當時使用的粉絲專頁「李老闆廚房直播拍賣」，觀看人數都沒有破二十人，不管大家多認真幫我分享都沒有用，於是花媽幫我問了後台專業的廣告商，一進去後台看發現，粉專因多次違規所以被鎖了！！！

不管是周杰倫幫我分享，還是誰都沒有用，直接都被臉書擋下來！原因則是音樂版權問題，因為大家開播都會習慣放音樂，但當時不曉得臉書開始有很多的規定，因此播放的那些流行音樂都有違反版權問題，累計多次就被鎖台了*。

當下我哭紅雙眼跟阿北視訊，我壓力超級大，因為出發以前，公司就有說機票、住宿以及吃飯的開銷，都會從業績的利潤扣除後，才會發薪水給直播主，現在突然被鎖台，代表我們沒有直播的管道了。

達哥與花媽的神救援

老闆達哥在台灣知道消息以後，便趕快與花媽討論，好險當初花媽和草媽（花媽的姊姊）有創一個粉絲專頁「zebra 人妻妹紙」專賣女裝，後來老闆讓我用這個粉專直播。但是對我來說這又多了一個考驗，因為這個粉專，我剛接手時只有一千六百個追蹤及按讚，開播上去，除了因為觸及關係較少人觀看之外，原先在舊平台養起來的粉絲，因為轉移過來也可能會流失。

但是，我告訴自己不要放棄，危機就是轉機，我一定可以做到。

還記得除了美妝保養品，我們還有賣韓國飾品、鞋子、衣服、包包等等，雖然人數受限，觀看數變很少，但我還是很努力的多播幾場後，帶著將近兩百萬的業績回台灣。雖然我很失望，但這也是我們在短時間內，創下幾乎平常要做一個月才可以達到的業績，老闆達哥還是給予了肯定。

第一次韓國連線回來以後，我不誇張直接睡個兩天兩夜，整個人虛脫！加上我是那種發條上緊了以後就停不下來，會一直讓自己處於緊繃狀態，除非直到任務結束或是達成目標，才會讓自己鬆懈，整個身體承受的壓力才能得到釋放。即便如此，我卻還是相當期待下次，自己可以再創造更高的業績。

回台灣以後，我們依舊努力在直播上的突破，想著如何吸引更多粉絲觀看，上網找各種靈感來裝扮，或是為了要賣美妝保養品、彩妝品而直接在鏡頭前畫在自己臉上，甚至跟上當時流行的「開箱文」，這些都是很棒的經歷與回憶。每一場直播，我們都告訴自己，要帶著勇氣及正能量，去相信這一場表現會突破，業績會更好。

雖然有時候我們會一起很負面、很低潮，甚至在回家的路上，我都會問阿北：「我們真的該繼續堅持嗎？為什麼都很努力了，卻還是沒有任何的進步？」他總會笑著對我說：「再多堅持一下呀！說不定有一天我們真的就會被更多人看見，或是新客人其實在觀望，才會沒有馬上下手呀！我會陪著妳一起成長的。」然後，給我一個大大的擁抱。僅僅這樣，便足以讓我一秒充滿信心跟力量。

過了將近五年的時間，正在寫這本書的我，特別有感觸。那些經歷與回憶，現在想起來都歷歷在目，也感謝當初的我們，有繼續堅持下去，才會有今天這一本書，可以讓你們一起經歷屬於我們的故事。

Miya 的正能量語錄

危機就是轉機，真的不要放棄。

Miya 的直播關鍵字

・批市：服飾、鞋子、飾品等貨物的集散地，許多商家都會到此處批貨販售。

・鎖台：被臉書擋下來、連周杰倫幫忙分享都不會有人看見，是一種臉書的機制。簡單來說，就是被臉書擋下不給直播、不讓別人看見你了。

14 感謝傷害我的廠商——成爲我成長的動力

在我們還很小台的時候，要去廠拍總會遇見一些「勢利眼」的廠商，印象深刻的是有一間非常大的廠商（只要商品一說出來，大家都會知道的品牌），他們家的東西在很多通路都有販售，當我知道可以去直播他們家商品時超開心的，於是請美編幫我做文宣預告，並在群組裡預告通知粉絲要記得跟上*唷！我們幫大家凹福利價～

我滿心期待到廠商那邊，發現桌上準備的商品都不是「明星商品」，反而是很多生活百貨，衣架、夾子、保溫瓶、便當盒之類的商品。我當下問廠商：「請問沒有你們家明星商品嗎？因為粉絲都很期待。」廠商回說：「那些目前都缺貨喔！我們先準備給妳的商品先賣囉～」於是我跟學妹只好硬著頭皮開播，也因為那時候真的很小台，觀看人數大概不到五十人，但更讓我們傷心的是廠商的態度。通常我們直播當下拿起一個商品介紹時，廠商會在白板上寫下商品成本，賣價讓我們自己決定，但那個廠商從開播到我們下播，都沒有正眼看我們一眼，感覺很看不起小台的直播主。畢竟他們配合很多大直播台，都是好幾千人觀看。我一下播整個心情瞬間非常差。

離開的時候，我打電話跟花媽訴苦剛才遭遇的一切，讓我超受傷。當天晚上花媽也會過去廠拍，當她抵達時便叫我回去，她想當面了解狀況，於是我就讓阿北載我回去，沒想到讓我更受傷的畫面是，花媽當晚要賣的商品，就是我期待很久的明星商品們，還有氣泡水機、電視等商品，都是廠商準備、免費贊助，作為分享獎要送給線上粉絲。桌上還有飲料及晚餐，就連老闆的兒子都在場迎接，然而我們去的時候，卻連水都沒有。**巨大的對比，讓剛入行的我小小心靈大大受傷，心想原來廠商都這麼現實嗎？我也想成為大台的直播主，我也想一場可以賣很高的營業額，而且每一個大台都是從小台開始的呀！**

每天期許自己能夠更壯大

後來，在現場聊的內容我已經不記得了，但回家的路上我跟阿北說：「就不要有一天讓我長大了，等他來找我賣東西的時候，我會告訴他，我就是你當初看不起的小台直播主，你等著！！！」

果不其然四年多以後，我有收到該廠商的邀約過去廠拍，我一秒拒絕，還有一次在別的廠商那裡遇見當年的那個業務，花媽就跟業務說：「你當初傷害的那個小直播主就是她Miya，你當初對她的傷害，讓她告訴自己有一天一定要長大，現在她一年可以創造破億營業額。」業務馬上裝傻說：「不可能啦~我怎麼可能這樣對妳啦，一定是誤會！有機會來我們家直播啊！」我笑笑說：「好！」心裡想：這輩子都不可能。相信正在閱讀這本書的你，一定很想知道是哪個品牌，等我有一天隱退直播圈，我會開記者會的哈哈哈哈。

成長路上到現在，讓我印象深刻受傷的廠商還有呢~聽我娓娓道來！**但是，我此刻是感謝他們的，因為我自己的個性是不能被激的，我會想要證明自己，而且不能接受被看不起，所以感謝當初他們的傷害，讓我牢牢記住，也更有動力往上爬。**

邀約知名零食廠商　訊息石沉大海數個月

還記得有一陣子很流行「刷倉*」直播，有一間零食類的廠商自己也有開直播，當時要過去他們家直播，需要先提前一個月左右預約。雖然零食毛利很少，退給直播主的趴數也很低，但因為當時他們家的零食非常齊全，價格也很優秀，所以粉絲出手的機會很高，還有來自日本、韓國等大家很愛的國外飲料及零食。

我記得當時去的第一場刷倉，帶回來很多新客人，觀看人數大概三、四百人，業績也有衝高到五、六十萬，對於還在努力成長的我們來說，這是很棒的人數及業績，但後來發生一件事，讓我再也不跟那個老闆聯繫。

其實老闆人很好，他不會看不起小台的直播主，也都會熱情的在直播當下幫忙介紹商品，或是殺價格給粉絲。那時候算是他非常巔峰的時期，他自己開直播也都有好幾千人看，再加上很多人要去他那邊刷倉，於是我想說很久沒有去了，粉絲有在點菜*想買零食，於是我親自LINE老闆本人，問他何時有空檔，可以安排一場給我刷。殊不知那封訊息，我從九月傳出去都沒有被已讀，他也沒有換手機跟LINE喔～

有一次他正在開播，我跟花媽說這件事以後，我跟她一起在直播當下刷留言給老闆：「老闆，你都不回我訊息。」我們刷了很多次，直到老闆看見留言，馬上認出我跟花媽，並跟我們道歉說最近太忙，等他下播會立刻回覆我。誇張的來了，我不但沒有等到回覆，那封訊息一直到年底十二月左右，都還沒有回覆，我整個覺得傻眼。可能因為我們業績太低，單場不像他或是其他更大台的直播主每次去刷都有兩、三百萬業績，於是我又把這件事牢牢記住，心想有一天我會成長給你們看的。

◇每一個小台直播主　都是從一個粉絲開始經營的

直播變化真的非常快速，在我努力成長的日日夜夜，都還是有關注那台直播。後來對方可能因為零食毛利較低，賺來的不及打臉書廣告燒錢，有開始賣一些生活百貨用品，人數也有下滑，到現在好像就比較少在直播出現了。**其實，每一台小台都是從一個粉絲開始，每一步都要走得很穩才能長久。一時好不會永久都好，所以要小心經營，並且善待身邊的人，因為你不曉得哪一天，身邊的人會成為自己的貴人，甚至會成長超越你，這些想法套用在社會中也都是這樣**。所以我都會警惕自己，不管有一天我成長到多大，都會記得好好待人是很重要。

故事到這還沒結束呢，廠商這一塊可以寫很長哈哈，但實際上他們也並沒有錯，太多現實面的考量，同樣的時間，大台的直播主確實可以帶來更多的營業額及銷售量，當然要把時間花在他們身上。但被人看不起的感覺，真的不好受。繼續下一個故事吧~

那時候很流行賣「盲包」，前面故事有說過，這時我發現有一台直播主也是自己進了很多包裹，還有開放批發配合，於是我就問他可以給批發嗎？他問我可以批多少量、我的業績多少、有多少人觀看？後來我跟他說我現在剛起步，所以業績可能沒有很好，但我批的貨都會自己吃回公司，不會退回去不用擔心，人數大概五十至一百。他聽完之後，說目前批發已經滿了，沒有辦法配合謝謝。我也不笨，明白那是廠商覺得我們太小了，因此拒絕。

你們肯定很想知道他的後續，一樣在我成長的日日夜夜，我都會稍微關注一下他。在盲包退燒以後，他的觀看人數從一千多人掉到一百多人，現在已經剩下三、四十人，業績當然可想而知，我也深深體會到一時好不會永遠好，這是真的!!

還有一家非常知名的美妝店，很多阿妹仔都喜歡去逛，那時候也很流行去刷倉，但他們超級勢利眼哈哈，要去刷倉都會先問觀看人數，還有業績有沒有單場破百萬才可以去，所以我當然沒有資格去啦！那時候超多直播台都去刷倉，可以去刷的，代表業績跟人數都很好。

我放在心裡，依舊老話一句：「**我叫Miya，有一天我會讓你們都看見我。**」

後來，我也有收到該廠商的邀約，請我去刷倉，我委婉的謝絕後，心裡是說不出來的暢快感。我終於成長了、終於被看見了，但是這些廠商我是不可能去的。

感謝那些傷害，成為我成長道路上的動力。

Miya 的正能量語錄

我只會有一個聲音就是：「我要做到！我想證明給自己看，想證明給別人看，我 Miya 是做得到的。」

Miya 的直播關鍵字

・跟上：粉絲若是黏著度高，就會在你預告開播的時間，或是提前公告的活動上熱烈的參與。

・刷倉：現場看到什麼產品就賣什麼，數量價錢是現場直接由直播主喊價。

・點菜：指定想要的產品。

15 感謝直播路上的貴人——你們的看好讓我更有動力

前面講完讓我受傷的故事，當然也有很好的廠商啦！但我寫出品牌，你們不要以為我在業配哈哈。這個品牌大家都知道，而且很有名，相信大家都有聽過新普利的夜酵素，負責接洽我們的業務叫清哥，他始終如一的對我非常親切，從我是中小台開始配合，也算所有直播台裡面滿早就開始配合的。因為我自己習慣把要賣的東西，做會很詳細的功課，所以清哥也有被我嚇到，因為很多直播主都是對產品完全不了解，直播當下派他做實驗給大家看，跟他拿對比的照片去銷售產品。但我卻對他說：「我自己來，我知道怎麼介紹，如果不夠細的地方，你再幫我補充。」

還記得我懷兒子時，懷孕已經七、八個月，肚子超大還特地北上去廠拍。他們那天安排了新品牌讓我賣，賣的是LUDEYA，他們家的琥珀系列很有名。我當天也是靠自己介紹各種保養品，並且用在臉上，加上價格很有誠意又賣得非常好，完全讓廠商跟主管都很驚豔。

✧每一份信任　都是慢慢經營來的

而且，我秉持著**自己沒有用過的商品我不賣**，這是一種信任度，我必須親自透過我的皮膚去感受過，才會了解商品的特性，進而介紹得更好。我甚至連官網的價格都幫粉絲比價，這些都是讓我在直播當下，幫助我達到更好銷售的主要關鍵。因此下播後，廠商主管告訴我，很少看見直播主開播前會花這麼長的時間挑品，並且做功課，把商品重點都介紹得超詳細，他們說我有一天一定會成功，非常看好我。不管這是不是場面話，我都收進心裡。我相信我的用心，粉絲一定可以感受到。

我不敢說我是最棒、最優秀的直播主，但在我的平台，你不會看見「商人」為了利潤，不管商品好壞直接賣。每一個信任都是慢慢經營來的，我用心謹慎的挑選商品，儘管一開始很少人觀看，業績不好但我心裡踏實，也相信買過我推薦商品的粉絲，都可以感受到「直播也是可以買到好的商品」。

再來要提到真的超讓我感激的廠商，剛開始接觸的第一場廠拍是「寢具」，宜吟姊跟耀哥對我們超親切的，那時候大約一百多人觀看，而辛苦的地方在於寢具的花色，我們是一套一套給客人挑，有時候一天下來，我會從下午兩點一場、晚上八點一場，一路開到半夜一、兩點才下播。因為一場不夠撐業績，我就會多開幾場，但這中間宜吟姊跟耀哥都沒有離開過，一路陪著我們到結束，真的特別感動。

對小台來說，要去廠拍都會倍感壓力，害怕廠商不耐煩，或是我們自己會對廠商感到抱歉，可能耗費人家一整天時間，卻賣出去不到十套。但哥跟姊從來不會這樣，反而會鼓勵我們加油，不要氣餒！說不定下一場就會賣得更好啦。

還記得我們當時在一個小小的場地，裡面放滿寢具，一待就是十幾小時，下播都累癱在床墊上無法說話，但現在回想，那也是成長的一環。我們培養自己的耐心與體力，去銷售著一套又一套的天絲寢具，每賣出去一套都是一個小小的成就感。商品的材質非常好，所以粉絲收到的反饋都很好，也讓我們寢具的業績越來越好。真的非常感謝直播生涯中的貴人，給我們大大的鼓勵以及滿滿的溫暖。

不因業績好壞　決定對我們的態度

還有非常感謝台北的咪哥，他們是賣國際彩妝保養品的廠商，通路有大家常聽到的momo購物網、Yahoo購物中心，一些比較大的平台上都是他們供貨的。當初談配合，我們也是非常感謝他一口答應，畢竟那時候我的人數依舊在一至兩百人左右，但有非常多大品牌價格都讓我們滿有價差的，也讓我們的粉絲可以買到很棒的價格。咪哥從來不會因為我們這場賣的業績好與不好，來決定對待我們的態度。

他曾跟我們說過，他都是把我們當成像朋友一樣，不會是生意人的角色在跟我們「眉角」。我當初以為這只是場面話，因為我很常聽阿北說教，他都會說我太單純很好騙，廠商多半都是現實的，而且夾雜著利益關係。但後來即使我們比較少配合，咪哥還是會偶爾打電話、傳訊息關心我們，邀我們到台北吃飯，或是跟我們說有去台北歡迎隨時打電話給他，而他老婆也是我們的粉絲。到現在我們也認識好幾年了，他是我認真放進心中感謝的廠商。

還有很多一路陪伴我們成長的廠商，不管我們有沒有繼續配合，都感謝曾經給我們鼓勵，也不會因為人數多少、業績好與不好去「分別心」地對待直播主。這也是現在公司裡新進直播主該慶幸的事，因為公司已經完善，擁有非常穩定且龐大的資源，學姊們為大家開好路打下江山，讓大家可以一進來就擁有這些很棒的廠商跟資源。不要輕易被打敗，要一起加油！

Miya 的正能量語錄

他們說我有一天一定會成功，非常看好我，不管這是不是場面話，我都收進心裡。

16 成長路上的突破與創新——開啟自創品牌之路

還記得每次老闆達哥都會告訴我們同樣的話，「堅持下去！有一天突然上去的機會就來了」，雖然當下我們都聽不懂，總覺得盼不到被更多人看見的那天，心想到底還要等多久？我們經歷了兩年不上不下、要餓餓不死、要賺又賺不到錢的階段，真的超級痛苦。

終於有一天我們坐下來聊天，阿北說：「老婆！我想去大陸，因為我親戚在那邊的鞋廠做很好是主管級的，他說我過去可以幫我安排一個職位，收入都比現在更好。」我沉默思考幾秒後告訴他：「但我沒辦法跟你過去，我還不想放棄也想陪伴家人，如果你過去了我們聚少離多可能也就……」我拉著他的手說：「再努力一段時間一定可以的，我們慢慢有成長啦！不要那麼快放棄，你相信我。」

接下來的轉捩點，讓我現在回頭看都覺得我們老闆真的很厲害。他說我們韓妝賣得很好沒錯，但那些都是可以被比價的商品。如果我們要跟別人有所區別，就要做自己的品牌、自己的商品。他拿了一包膠原蛋白一袋十五條，跟我們說定價九百八十元，一開始我們在直播上介紹，大家都超難下手，我們自己也覺得好難介紹喔！

畢竟直播當下保健品有些功效不能細說，加上沒有任何視覺上的呈現，不像美妝保養品我可以上在臉上給粉絲看如何使用、比較前後差別。所以一開始我們超挫折，有時候一拿出來才賣一、兩袋。直到有一天花媽詢問專業人士後，利用簡單的碘還原實驗，這個實驗瞬間讓粉絲購買慾望提升，很短時間內庫存幾千包就完售了。

當然要在此解釋一下，很多人都知道是因為裡面擁有維他命C，因此可以讓優碘還原，但我們添加的劑量，以及裡面的成分是真材實料，口感也讓客人都非常有感覺，不但沒有腥味還非常好吃。粉絲紛紛開始幫我們拍照、記錄反饋身上的疤痕或是膚色的改變，後來的直播當中粉絲也都幫我們反饋食用後的感受，讓我們正式開啟自創品牌之路。

Miya 的正能量語錄

堅持下去的原因很簡單，我希望更多人可以遇見我的品牌，希望能讓大家看見自己的改變——不只是頭髮、皮膚、身材，從頭到腳散發屬於自己的魅力。

17

直播生涯第一大考驗——被客人傷得遍體鱗傷以及那個變得四不像的自己

商品開始慢慢定位後，緊接著是更大的難關，就是**找不到自己的風格***，**這是一件很嚴重的事情**。

穿著、打扮、直播談吐，都代表著客人對直播主和直播台的看法及印象。大家都想美美的出現在螢幕前，穿著端莊就像新聞主播或是美麗的模特兒，只可惜在直播開始大量崛起的時間點，這樣做無法將客人留住，也無法吸睛。

於是，前輩花媽帶著我聯播，帶著我轉換穿衣風格，讓我有新的突破及嘗試。我原本不太會穿著要露奶或是很短的洋裝、合身的裙子之類的小性感風格，但是，花媽鼓勵我要勇於嘗試，同時為求畫面感更好，所以我嘗試了幾次，只是回到家後，我都會思索很久，心想：「這真的是我嗎？這是我喜歡並且想要呈現給粉絲的嗎？」

另一個困境是，說話的語氣與風格。因為花媽的個性大剌剌又豪邁直爽，她在直播上說話不需要修飾，就連三字經都可以幽默的呈現出來，哪怕是看似在罵粉絲，其實轉個彎又變成開自己玩笑的風格，讓粉絲即便是被罵都很開心，還曾看過粉絲特地請花媽罵她，說她好幾天沒聽到好不習慣，看在我眼裡覺得超級奇葩的哈哈。

跟在花媽身邊久了，我也變得這麼直率，想說的話會完全沒有修飾的脫口而出，但卻沒發現我的臉部表情「太認真」，很多時候連花媽都替我捏把冷汗。這果然也讓不少客人誤會我變了，或是覺得我太囂張而拒看直播。

就連放假回家，家人都會跟我說：「妳怎麼變成這樣？做直播有需要穿成這樣，講話變得這麼粗魯嗎？」親戚看到了也來詢問家人我的狀況。

每個夜晚，我都難以入睡，因為我知道這不是我想要的風格。但眼下的我不曉得該如何突破，如何找出更適合自己的方式來直播，甚至下播後，我會去看回放影片，以站在客人的立場，聽看看我的語氣及回覆是不是恰當。

我給自己的壓力真的非常大，太想要證明自己可以做到，也太想要證明，我可以闖出一片別人都不敢想的夢。

Miya 的直播關鍵字

・風格定位：類似於人設，就像每個藝人都有鮮明的特色或唱歌的曲風，直播主也需要擁有自己的特色讓大家記住你，設定自己在什麼區域定位。

鐵粉開小群組　惡意中傷

前面提到的都是直播路上的瓶頸及考驗，接下來分享一些讓我刻骨銘心的「客人」。因為在我變成那個四不像的自己時期，我沒有發現自己得罪了客人，在直播當下，我很多時候把花媽身上的直率套用在自己身上，所以對客人說話也會很直接，卻沒有發現口氣太衝，表情兇得太認真！這導致很多客人都被嚇跑或是走心，覺得我為何要那麼兇，他們可能只是問個小問題而已。

那時候我有經營一個群組讓客人可以了解商品如何使用，LINE的小群組只要點擊對方頭像就可以私下加好友，有一個客人把很多人拉進去自己創立的群組裡，每天把我當成茶餘飯後消遣的對象。他們攻擊著我直播當下說的每一句話，用很難聽的詞彙傷害我，或是在我直播當下習慣性的跟線上粉絲互動詢問：「產品好用的打好用。」而那些黑粉會直接打上「不好用」、「東西很雷」之類的字眼，影響我當下直播的情緒及節奏。

然而，我會知道群組內的內容，是因為有一位熟客私下跟我聊過天，人滿好的，他也加入群組，想看看那些人都在討論什麼，偶爾會截圖給我，看她們聊了哪些話。我真的不可置信，不懂自己是犯了多大的罪，還是多麼十惡不赦的事情，需要遭受這樣的攻擊。

回到家的夜晚，我哭了無數回，我都告訴自己不要在意、不要被影響了，只要做好自己該做的事就好。這件事造成我很大的打擊與影響。

因為我真的付出太多真心在每一位粉絲身上，投入太多真心在我的直播事業上。

後來，花媽說如果我想處理，她可以開直播陪我。於是我們開了一場直播，花媽告訴那些粉絲盡快解散那個私人小群組，不要這麼無聊，如果不喜歡看Miya的直播，就不要看好了，這些小動作可以為你們帶來什麼嗎？而我也在當下與線上粉絲聊天當中，得到一些鼓勵跟溫暖。回到家後我想，自己是不是哪邊做得不夠好，所以才被攻擊？我也百思不解，直播這件事怎麼會變這麼複雜？我不就只是想要好好的經營屬於自己的平台，介紹好用的商品給信任我的粉絲，這麼簡單嗎？

我哭著打給從小到大最疼愛我的爸爸，告訴他我超委屈。我並不是沒辦法承受傷害跟壓力的個性，**「我只是不懂為什麼會這樣？」**這句話在我腦海裡重複上萬次吧，爸爸說：「傻孩子，從妳長大那一刻，這社會就是充滿各種人性與傷害，並不是大家都是像妳想的如此善良，也不是每件事都會照著妳的想法走。爸爸也是啊！妳看我從以前做生意到現在，也是受過很多客戶的刁難與壓力，還有大大小小的考驗才走到今天呀。做服務業本來就會遇見各種客人，這是妳無法掌握及挑選的。但妳可以把它當成一種挑戰，如果過了這關，那妳就更成長了！不要哭了，爸爸知道妳可以的，加油喔！」

✧ 謝謝客人讓我成長　練就刀槍不入的強心臟

發生這件事的同時，我人生中很大的貴人「老闆達哥」問我，妳還想繼續賺錢嗎？繼續在這行業努力直到妳發光那一刻嗎？我說：「我要！我可以做到，也願意繼續努力。」達哥說：「再過幾年後妳回頭看，現在經歷的這些傷害，對妳來說都會跟屁一樣不重要，妳相信我！妳想要的達哥都會給妳，跟著我的腳步走就對了。」

幾年後的今天，我正在撰寫這段文章時，**我只想說謝謝這些客人讓我成長，現在變成完**

全刀槍不入的強心臟。謝謝老闆當初對我說的話，如果我當初因為這件小事就放棄直播生涯，後面經歷的種種便完全沒有機會可以寫出來、成為這本書。謝謝爸爸的鼓勵，還有當時溫暖著我的粉絲，以及一直在身邊陪伴我的老公。

也感謝自己的樂觀，將每一次的傷害都成為日後成長的養分，讓自己變得越來越堅強與勇敢，甚至變得更加圓融，知道如何在線上與各種不同的客人應對。將來這本書傳承給我的兒女，我也想告訴他們：**「人生中有滿滿的挑戰，也會有滿滿的挫折及傷害，我們用不同方式去面對就會成長為不同的人，這條路上爸爸媽媽都會陪伴著你們。」**

Miya 的正能量語錄

這就是成長呀！我們都是在一次次的傷害中學會成長，回頭看就會發現自己改變很多很多，內心也變得更強大。

18

粉絲陪伴我的那些人生大事——阿北求婚、意外懷孕、我從少女變成媽

大家都知道我跟阿北交往很長時間，而我等了十年才等到的「求婚」，當然也得感謝花媽的幫忙。

還記得那時候快到情人節，廠商拿DM來告訴我們，金色三麥有推出情人節套餐，請我們直播幫忙賣餐券。我一聽到超開心，因爲以我們當時的人數來說，有廠商願意給我們機會，我超興奮！而且是滿知名的連鎖餐廳，於是我很認真思考，應該要穿什麼樣的風格來拍攝影片加直播。

還記得當天一早，我還請新祕幫我化妝，找髮型師做造型，超級緊張啦～到傍晚我跟花媽一起搭車前往餐廳，一下車就發現攝影師在拍攝，走進餐廳以後，就照著廠商教我們的台詞，先拍攝影片開頭：「今天受邀金色三麥邀請，因為情人節要到了推出套餐券。」接下來廠商說餐廳有準備一段影片，要我們介紹套餐內容，以及餐廳用餐環境等等，等我們數到三就轉頭看

牆上的螢幕。我一轉頭，發現播放的竟是我跟阿北交往這十年來的各種照片，以及他想對我說的話。

也是後來才發現，原來攝影師從頭跟到尾都是想要一鏡到底，捕捉我最真實的反應。我當下是無法言語的感動，看著一張張照片，進入那些回憶裡。從我高中認識阿北交往到現在，兩人經歷太多了，無法三言兩語敘述完，有興趣的話，下次再出一本關於我們兩個的愛情故事哈哈哈。

看完影片以後，主持人請我轉頭，看見地上有很多氣球，擺著一個大大的愛心，還有一張超大的海報是我們很多張合照，上頭寫著：「嫁給我吧！」接下來就是所有的同事們、閨蜜從餐廳最尾端拿著氣球慢慢走出來。看見超多超多人來參加，我真的超開心，還有閨蜜特地從台北搭車下來，讓我感動又驚喜。

我終於嫁給了愛情　嫁給深愛的男人

最最最期待的環節，是看見我的白馬王子，從盡頭那端手捧著鮮花，唱著我最愛的一首歌《往後餘生》。燈光打在他身上，看著他緊張又哽咽的認真唱著每一句歌詞：「往後餘生風雪是你，平淡是你清貧也是你，榮華是你心底溫柔是你，目光所至也是你。」

回憶湧上心頭，從我十八歲高中畢業，迎接大學新生活，二十一歲出社會迎接新工作，再到現在我們一起牽手踏入直播這未知的行業，只為一起拚一個未來。當他走到我面前時，我已淚流滿面，我終於等到這句：「妳願意嫁給我嗎？」戴上戒指那一刻，我終於嫁給愛情，嫁給我深愛的男人，也謝謝粉絲們一起分享這刻的喜悅。

接下來我們依舊在每一天工作裡繼續努力，讓自己勇敢突破壓力，而在這中間我不小心發現，我懷孕了……我不敢相信的看著阿北，然後我們一起沉默，因為我的人生沒有規劃生小孩這件事。我太希望我們可以一起打拚未來，提高生活品質後，好好享受兩人世界，有自由時光可以想去玩就去玩。

但不得不說，成為媽媽那一刻是奇妙的，想到我肚子裡有一個小生命，也不可能殘忍的不要他。於是我們一起藏著這份喜悅，一直到三個月跟粉絲一起分享這份喜悅，甚至在公布性別的時候，開直播一起與粉絲互動，對我來說都是很神奇的經歷。畢竟，網路是看不見對方的，對很多人來說，我們就只是單純的賣家，可是他們卻很真心的恭喜著我們，而我們也同時擁有這麼多人的祝福及陪伴，來經歷這些人生中的大事，真的很幸運。

Miya 的正能量語錄

成功貴在堅持——放棄可以有一千萬種理由，但我用唯一一種理由繼續堅持。

十萬粉絲的快問快答時間——摸索定位／理解顧客需求

1 問：在迷茫困惑之中，不知道自己的方向在哪裡，請問如何找尋自己適合的方位，用什麼心態面對自己的未來？

歐紀甄

答：我會鼓勵大家朝自己有興趣的行業先下手，但也要實際做過，才知道適不適合自己。就像前面有提到的，我出社會後換過很多工作，其實也是希望自己多去嘗試各種不同的工作之後，才可以找到定位。我先刪除朝九晚五的上班族，因為我知道那不適合自己，後來慢慢發現，我很喜歡接觸人群，喜歡服務業，而做過餐飲業後，發現自己更喜歡挑戰銷售，有業績目標的這類工作。

我喜歡達成業績目標的成就感，於是慢慢縮小適合自己的範圍再去定位。這很不容易，因為太多時候大家懶得變動，「害怕跳脫舒適圈」也是滿大的問題點，「太常給自己找藉

口去改變」也都是很大的因素。但我自己可能就是行動力一百分的那種，通常不會思索太久，因為我覺得先去做了，就會知道適不適合，**聽別人說就永遠只是「聽誰誰誰說這行業不好」、「很累很辛苦很難做」之類的。**每個人的優點跟特質完全不同，以我來說，會很快速跳到自己感興趣的行業內，進入角色去享受每種行業帶給我的經驗跟成長。

用什麼心態面對自己的未來？這問題很抽象，我是比較享受當下及時行樂型，也許下一秒，我突然發生意外就過世了，我都有想過，所以，我其實不會希望自己長命百歲。**我反而希望如果生命有限，希望在我活著的時候，去創造很多快樂的回憶，讓自己過得很精彩。未來的事未來再說，我不怕面對各種挑戰，也相信會遇見各種人事物，都是老天給予最好的安排，所以我相當樂觀也會期待未來。**

我常常問阿北會不會想要搭時光機穿越到未來，看看我們會過著怎樣的生活？因為我也會好奇，現階段的努力會為未來的我，造就怎樣的生活。**我想讓十年後的自己，回頭看看現在，會對自己說聲：「謝謝妳，辛苦了！感謝十年前的妳這麼辛苦打拚，沒有選擇安逸，讓現在的妳都過得很好。」**

未來太難說了，與其花時間去擔心思考「未必會發生的事」、「無法掌握的事」，不如

想辦法讓當下的自己去努力奮鬥。積極樂觀是我的心態，希望正在看這本書的你，也能被我渲染。

2 問：研發新產品的契機與動力爲何？ 宋喬喬

答：很多人會問我這個問題，其實我真的很愛漂亮，但也很常花冤枉錢，例如商品被瘋狂代言或是業配，價格都不便宜，一衝動之下買回來發現根本就不好用，於是放到過期，或是丟掉，真的很浪費錢。**所以，我常常會告訴我的粉絲，無效的最貴，因為這些東西加起來的金額，都是無法想像的多。**

或是，今天走進藥妝店裡，琳瑯滿目的商品很多，而不懂保養的女孩，不懂如何挑選適合自己的產品，也會不斷讓皮膚無法好好的修復，因為可能用了不適合自己的產品，結果大過敏或是皮膚狀況變更差。所以，我的自創品牌一開始推出的第一個商品就是面膜，我希望打造一款大家膚質都可以使用，醫美後或敏感肌都不用擔心踩雷的面膜，從研發都是用我的臉及皮膚親自測試，一直到包裝風格設計也都是親自參與。雖然自創品牌在網路上直播、要讓大家信任，加上不打價格戰，一開始可能銷量沒有非常好，但是這份信任累積起來就會是很棒的成就。大家收到之後，用完就會開始幫我反饋，而膚況改變一定是大家最有感、最開心的，所以我對自己的商品很有信心。慢慢累積跟經營，一定可以讓大家更安心下手購買，這是我開始研發商品的初衷。

後面的品項，**我都會以自己為出發點去思考，什麼樣的商品可以讓大家慢慢感受改變，並且遇見我以後變得更自信、更美、更愛自己**。然後，大家都會遇見什麼樣的問題，例如有水腫、便祕、不愛喝水、喜歡喝手搖飲，或者代謝很差，想改變身材等等，我會進而著手研發相關的商品，這些都是契機。

動力的話，我太希望大家懂得愛自己，很多媽媽結婚以後都忘了「自己」，把一切犧牲奉獻給家庭、給小孩，然後捨不得花錢在自己身上。我遇見很多的媽媽們，生產以後失去自信變成大嬸，以及可能是五、六十歲的美魔女們，她們覺得自己已經不需要美麗這件事。

除了健康真的很重要，**我更鼓勵大家都不要被任何角色年齡設限，因為愛美本來就是女生的天性，本來就不該被壓抑跟改變。任何時刻都可以透過變美、愛自己，散發自信與屬於自己獨特的光芒。我的動力及品牌，就是因為這樣誕生的。**

3 問：假如用心介紹的產品被抄襲，如何面對以及去怎樣處理。以前、現在到直播上改變自己的歷程以及如何面對？

邱珮青

答：被抄襲說不生氣是騙人的，但是轉念想，這也代表自己夠強大到被注意。如果今天你很渺小，銷售量不起眼，根本也不會有人在意你，對吧！這也是我自己覺得成長，以及改變非常多的地方。在遇見奧客也好或是棄標也好，我以前會比較情緒化會非常生氣，因為覺得自己辛苦用心直播努力介紹商品，但看見商品被用各種理由拒收，或是棄標退回，我會覺得生氣。**但現在我會覺得是對方沒有緣分，可以遇見好商品改變他的人生，讓他變美、變漂亮，那是對方的損失，而我的商品是給值得且懂得珍惜的人。**對於線上偶爾的酸民跟奧客，我現在也可以從容的面對，算是經驗的累積啦！

4

問：印象很深刻的是，從一開始很努力經營時所建立的鐵粉群結果卻遭到惡意中傷，看到 Miya 那時也傷心的哭了。反觀現在的 Miya 跟阿北經營出自己的一套寵粉方式，粉絲人數也越來越多。想問問這心態的轉變是怎樣做到的？

blanqui tseng

答：這就是成長呀，我們都是在一次次的傷害中學會成長，回頭看就會發現自己改變很多很多，內心也變得更強大。因為剛入行比較稚嫩，也容易因爲每一位客人而影響心情很久很久，甚至因為棄標生氣很久。但是慢慢經過時間的淬鍊，我明白有更多更多需要我用心思的地方，我的情緒也不需要因為「那一位客人」就影響整天，因為有太多好的客人等著我去付出跟花心思，這就是大家常看到比較老派的語錄：**「開心也是一天，難過也是一天，都是一念之間。」**

我也學會一秒釋放負面情緒，可能看看我小孩的影片治癒一下或是寵物可愛的照片，因為我不可能在一對多的情況下，每一位客人我都要這樣生氣，那會氣不完啦哈哈。遇到棄標我自己也會轉念告訴大家，我覺得我們的商品真的很棒，至於棄標那就是客人的損失，因為跟這麼棒的商品擦身而過，真的太可惜了。甚至我認為好的、優質的客人是我想要的，所以慢慢過濾、慢慢培養出一群非常棒的粉絲，也是我這些年來很棒的收穫。

5 問：Miya覺得直播導購最重要的因素是什麼呢？現在各平台盛行，若直播消退了，妳會轉換跑道還是繼續直播呢？

Riri lai

答：對客人來說，下手的因素有很多，可能因為商品夠知名，也可能因為價格、組合夠吸引人等等。但我覺得我自己的粉絲，現在黏著度很高，才會進而增加他們下手的意願度。**我自己從以前到現在沒有變過的四個字「真心」和「溫度」，大家都可以透過螢幕，感受到我跟別的直播主不同，我不會為了賣而賣這項商品。**

對我來說，除了自己用過、把關過、真心喜歡想分享給我的粉絲，我是真的很像在跟閨蜜分享自己用了很棒的東西，推薦給大家的那種感覺，這是非常多粉絲跟我分享，覺得看過我直播後就離不開的很大因素。這是一種對我的信任度，也許一開始會觀望，但是真的入坑以後，就很難爬出來哈哈。包含我四年前到現在始終如一的售後服務「**親自回覆群組客人問題**」，我真的敢打包票，全台灣直播主真的少之又少會這麼做。我從幾十人觀看到現在幾千人觀看，群組從一個裡面幾十人到現在三群加起來破萬人，我從來沒有變過的，就是迅速解決客人產品使用上的疑慮。

對我來說，這確實是把工作跟生活綁在一起，我每天使用手機的時間真的超級多，基本上除了睡覺、洗澡、直播當下以外，我手機不離身，都是掛在群組裡回覆問題。甚至有時候老公都會吃醋，覺得我完全沒有在跟他交流或是聽他說話。但是家庭日我就會逼自己停下來，盡量珍惜陪伴小孩的時間。

如果我是消費者，我會覺得這樣的服務很讓人安心，因為太多人會在直播當下聽完商品介紹後，等收到時就會忘記使用方式，但私訊小編通常都要等個一、兩天才會收到回覆，一來一往，都是需要等候很久的。我老公問我，萬一未來妳有十個群組，妳也會這樣一一親自回覆？我不加思索的說：「會啊！」用再多時間，我都會親自回覆。這不是不相信我的小編能做好，而是我認為這是我慢慢一步步走到今天，有著很大成長的原因，也是我跟別人非常不同的地方。我會在直播這行業待到直播完全消失吧。轉換跑道對我來說並非難事，要找到另外的平台銷售商品也不會太困難，但我不會脫離「銷售」的這個行業跟本質，因為這是我自己很喜歡也很熱愛的工作。

6 問：怎麼在想賺更多錢的狀況下捨棄獲利高的商品？真心把好的商品介紹給客人，但錢在眼前要拋棄感覺很困難。

陳小花

答：我覺得做生意本來就是細水長流，尤其網路直播，讓客人下單是需要信任度的，有些直播可能削價競爭，或是會讓人衝動購買一次、兩次，**但當客人收到產品之後，才是分出差別的關鍵**。提供的售後服務也好，產品品質是否真材實料，這些都很重要。**客人的反饋是最直接，也是最棒的廣告效益，所以我一直都覺得賺我們該賺的，剩下的我們讓利，真抽真送寵粉**，再加上我們產品真的夠好，讓大家都可以感受到改變，自然就願意幫我們分享給身邊的家人朋友，或是在直播當下願意幫忙反饋，真實的呈現給其他新客人看。這都是非常加分的效果，不僅能夠長長久久，甚至能提高回購率，這是更重要的。

所以，我的品牌、所有的商品，我都堅持親自參與研發產品，包含親自用皮膚、用自己的身體去測試，一直到包裝設計等等，就連自己懷孕也都親自參與，增加更多說服力之外，也可以讓大家知道，我們的產品是真的很好，連自己家人跟小孩也都有在食用，這是最好的證明。我們打從內心喜歡自家產品，也是真的下重本給大家好的成分。

7

問：Miya妳說過直播一路走來很不容易，在這條路上有人不斷看衰你們，也有人不斷支持你們。但現在妳已經有所成就了，會有什麼話想對這兩種人說嗎？

劉甜甜

答：這問題問到我心坎裡，**我其實非常感謝曾經那些看不起，以及不看好我們的人。我是個不服輸的個性，所以會把這些人當初的眼神，好好的放在心底，然後暗暗告訴自己，總有一天我會讓你們看見我的成長，讓你們回頭過來找我！**所以很常有人分享，要感謝那些曾經傷害你的人，因為那是你成長的動力來源，這句話我非常認同。

我也想告訴一路走來一直支持著我的人，真的謝謝你們當初的每一句鼓勵，那都是最低潮時期的我堅持下去的動力。在我快放棄時，哪怕是一句「加油！妳可以的」，對我來說都是滿滿的感動，真的很感激。現在我也許只是擁有小小的成就，但我還會再更上一層樓，讓你們知道你們的眼光沒有錯，你們沒有看錯人！未來的我也會繼續努力，不辜負你們的期望～

第四篇

風光背後的故事，更值得重視

我希望在這份工作中寫下更多精彩的紀錄，
還想在直播領域接受更多的挑戰，
實現更多的目標，將自己的能力發揮到極限；
現在只在攻頂的半山腰，不能就此放棄，
因爲我想與大家一起看見山頂上美麗的風景。
還要走多久無法預測，
但我知道這一路走來，是因爲有你們的支持，
所以希望透過我的經歷，
可以讓更多更多的人因而重新愛上自己。

19

「老闆語錄」成真的那天——生產前直播nonstop，場場衝千人上線

就在我們每次經歷挫折想放棄的時候，老闆達哥都會說：「**簡單的事重複做，有一天就會突然上去了。**」那時我只覺得他就是單純鼓勵我們，也不知道哪天會成真，畢竟這過程的艱辛跟煎熬都是我們才能深刻體會的，而且旁邊的人也會深深質疑，真的可行嗎？真的會成功嗎？

不知道是因為懷孕兒子帶財，還是剛好被我們熬到運到了，是時候被看見了，在我懷孕過程中，我依然每天按部就班進行直播，直到要去生產前一晚都在家直播。大概是線上粉絲也覺得很新鮮好奇，怎麼會有這麼拚命的孕婦，所以紛紛點進來看看。

生產的前一週，每天晚上的觀看人數，都是我們進入直播以來的最高峰，每場都破千人，業績也是創新高。

這時我才相信老闆口中說的，有一天上去的機會突然就來了。在懷孕的十個月裡到迎接兒

子到來，都有粉絲在線上一起跟我們分享喜悅，陪伴我到生產都還在幫我打氣，一起迎接新生命到來，我真的很幸運。

非常榮幸我們的第一個小孩殼哥，從懷孕到生產都有這麼多粉絲一起陪伴、看著他成長，但考驗也隨之而來——我要如何在家庭與工作之間取得平衡？這讓我倍感壓力。

畢竟是第一胎，新手爸媽要學習的東西太多太多了，工作也要持續進行，壓力真的非常大，體力也是一大考驗。因此，平日我們把殼哥給公婆帶，週五晚上接回家與我們一起度過假日。但小小孩的作息真的讓我們吃不消，因為平常都日夜顛倒，可能半夜才睡覺，可是小孩一大早就醒來了，必須有一個人犧牲陪小孩，然後下午就安排親子日到處走走，把握我們相處的時光。親自感受以後特別有感觸，只想說一句：「全天下的父母都辛苦了。」下一篇再跟大家聊聊家庭與工作。

Miya 的正能量語錄

進入直播這份工作之前的人生，我從沒有想過自己可以愛上工作，愛成這樣，而且可以如此堅持一件自己所熱愛的事。

20 直播生涯第二大考驗──家庭與工作兩頭燒，邊帶小孩邊直播的戰場

小孩出生後，我在月子中心養身體時都放心不下粉絲，怕他們太想念我，於是生產完的一週後，我耐不住無聊就在月子中心開播啦！我直接跟粉絲一起聊新手媽媽的心路歷程與體驗，當然這也是我的事業心太強大，一方面也會害怕自己消失在螢幕前太久，粉絲黏著度會流失，所以趁體力恢復差不多的午後時光來跟大家聊聊天。

剛好公司在月中附近，於是就請小幫手把商品載到月中，我便利用空閒時間邊聊天邊賣商品。我都自嘲自己是「全台最愛錢的產後媽媽」哈哈！也讓兒子成為了全台最小的直播主，剛出生不到一個月就露臉了，甚至連月中的護士都知道我在做直播，進而變成我的粉絲，還會上線看直播，整個育嬰室都知道我小孩的小名叫「台中王陽明」哈哈。

也因為有專業護士們照料殼哥讓我很安心，我只要避開擠母乳的時間，體力還行的狀態下都可以開播，大概一週能開個兩、三場，剩下的時間則用力好好的休息，讓自己的身體恢

復。當然，在這中間也學習很多照顧新生兒的各項技能。老公也是神隊友，他邊幫忙學習照顧北鼻，晚上還要回公司直播，難怪大家都說在月子中心就像天堂一樣，每天都有人照料三餐加點心，吃好睡好，而出月子中心後回到家才是挑戰的開始。

時光飛逝一個月，我超級捨不得離開，還一直問月子中心可不可以讓我多住幾天，我願意付錢留在這裡哈哈，超想直接定居在天堂！畢竟新手媽媽回到家以後真的太害怕，每分每秒都很緊張，因為不懂得分辨嬰兒的每一次哭聲代表什麼——是不是身體不舒服？或是有哪邊需要我了？這些都是需要慢慢摸索及經驗時間的累積，才能漸漸熟悉自己的寶寶。

一邊直播　一邊餵奶換尿布

還記得有次晚上我在家直播，自己當直播主介紹商品，要邊自己key單就算了，突然我兒子喝奶時間到了就開始大哭，但我正在直播當下，完全沒有人幫忙，只能手忙腳亂的請線上粉絲稍等。我先去泡奶再把小孩抱到鏡頭前面餵奶，等到喝完想放下又需要哄，所以我就邊賣邊介紹，但手上還忙著抱小孩不停餵奶，甚至一邊換小孩的尿布。

等我下播直接整個累癱，家裡超級亂很像被炸彈炸過。然而好不容易整理完環境，我自己的擠奶時間就到了，等一切都忙完直接虛脫，根本沒有體力洗澡或是做其他事，整個癱在沙發上動不了。然後再過一下下，聽到兒子又哭了，因為下一個喝奶的時間又到了！好險有神隊友下班幫忙，讓我可以一秒躺平。直到半夜，不管多累都需要起來擠奶，再睡回去沒多久，小孩又需要喝奶了，感謝神隊友都會自動起床幫忙。

其實，這過程中婆婆都有詢問是否需要幫忙，可以把小孩送回去他們幫忙帶，等假日我再接回來照顧，這樣我們也比較不會吃不消。但我當下心裡有種母愛噴發，覺得自己小孩要被搶走，所以委婉的拒絕公婆好意，好強的覺得自己可以做到，因為很多人也都是這樣走過來的。

殊不知我的好強，讓我們夫妻完全陷入手忙腳亂。因為工作型態與大家不同，日夜顛倒且高壓，除了面臨睡不飽，又加上擠母乳的辛苦，接踵而來的是我的奶量太多，所以到公司直播時，還得帶著電動擠奶器。但常常一場直播就是三、四小時在鏡頭前面，無法控制多久會一定下播，這時有生過小孩的媽媽們都知道，脹奶的情況下超級難受，而且撐得越久，胸部越脹痛。但我正在直播LIVE的狀態，所以只好硬撐到直播結束，下一秒立刻奔去把母乳擠出來。

下班回到家還不能休息，因為老公在家帶小孩一整天了，需要喘息及洗澡等時間，我得再把小孩接手過來照顧。真的太佩服全天下一打二三四的各位媽媽們，還有全職媽媽們真的太不容易了！既要把工作照料好，又要掌握時間，把所有的行程安排得剛剛好，真正可以休息的時間實在太少。如果又沒有神隊友的幫忙下，真的是會崩潰，我想這也是大家常聽到的產後憂鬱症的由來吧。

另一個地獄的開始　擠奶退奶超崩潰

看著孩子熟睡的臉，一秒覺得不容易。我其實還沒有準備好變成媽媽，但根本沒有時間可以慢慢進入狀況。要一秒讓自己成為媽媽真的不容易，有時真的會在深夜擠奶擠到哭，太累了卻沒人可以幫忙，因為擠奶這件事只有媽媽本人可以做到。在意識到自己可能無法在工作與照顧小孩之間取得平衡的情況下，我考慮選擇哺乳一個月後自然退奶。

沒想到，這又是另一個地獄的開始。因為奶量太充沛，只要一排空奶量就一秒開始漲，所以對於自然退奶的我來說，必須要忍住拉長時間不去擠奶，超痛的！因為擠出來大腦就會自己收到通知開始分泌，幸好出月子中心後有訂月子餐，回家家人也有幫忙準備退奶餐及麥芽水等，讓我可以順利退奶。

終於等到順利退奶後，公婆也來把小孩帶回去幫忙照顧，在那一瞬間突然想放煙火慶祝，瞬間恢復自由之身，可以好好的睡上一覺。回想出月子中心的那一個月，真的整個人都覺得像是靈魂被抽空，只剩下軀殼，每天醒來都問自己：「到底當初為何要衝動生小孩啦！！！」

接下來就全心回到工作崗位上，稱職的直播主又上線啦！我專心減肥回到產前的身材，也專心研發產品，就是想要帶給粉絲最好的商品，並且都要經過我親自實測。回到工作崗位的我，發現自己超開心，真的很喜歡工作哈哈！

所以，我打從心底敬佩全職媽媽，要有多大的耐心及犧牲選擇回歸家庭。我也感謝自己的幸運，因為有家人當後盾幫忙照顧小孩，還有老公的支持，讓我可以好好待在喜歡的工作崗位上打拚。

Miya 的正能量語錄

母親的犧牲奉獻，是因為我們愛孩子，愛這個家，重新踏入社會更應該被尊重，而不是成為我們的枷鎖，妳要相信妳一定可以！讓孩子看見媽媽的勇敢，媽媽既然可以為你們拋棄一切，也一定可以重新踏入職場發光發熱，讓孩子的成長過程中擁有一個很棒的榜樣，加油！

21

直播路上出現的轉折——
沒有永遠的領先，賣自家產品求轉型

我必須非常讚嘆我們老闆的眼光，他當時說，我們都在賣別人也能賣的商品，太容易被比較，不管是價格也好、商品組合的內容也好，畢竟那都是公開透明化的資訊，現在消費者也都很聰明會上網去查價格，沒有一定要找妳Miya買，所以我們應該要有自己的品牌及商品。於是，我們開始親自嘗試並參與研發了第一款屬於我們的商品「膠原蛋白」。

但是在轉型的初期實在太艱難了！因為直播只能口述，味道、成分、功效都是消費者無法觸碰到的，甚至我們自己觀念還沒轉過來，覺得十五條膠原蛋白賣一千五百八十元很貴，於是銷售量一直很淒慘，我們打從心底感到挫折，覺得好難喔！甚至一度放棄，認為老闆只會出張嘴用說的，不懂我們在直播當下銷售的心理壓力。

堅持己見不肯創新　走不到現在的成績

差不多經歷了幾個月的時間，一場都是只賣幾包，甚至完全沒賣出去的狀態，我超想放棄，老闆還說：「如果都不賣，那就整批丟掉好了！」後來就像之前提到的，花媽詢問生技廠博士以後，了解到裡面的成分可以還原優碘，於是我們在直播當下將水加入優碘，再將膠原蛋白加進去後攪拌，藉由迅速還原的速度來介紹我們商品的成分都有添加足量，也能夠讓大家有感的感受到皮膚亮白，從那一刻開始，每一場大家都點菜要買膠原蛋白。

因為以往膠原蛋白比較難克服腥味及奶味，消費者會比較擔心，但是我們的產品卻非常好入口，也讓大家真的看見效果。後來經過時間的累積、粉絲的線上反饋，也開始慢慢讓很多新客下手嘗試購買膠原蛋白。為了讓自己更加專業，我因此上網做功課、了解產品，讓粉絲能更快速、簡潔明瞭的吸收知識，增加購買的意願。

這是我現在回頭看當時非常有感觸的轉折點，因為我們如果堅持自己的意見，不肯嘗試與改變，那很可能走不到現在。

在臉書直播的過程變化真的很快，**今天的趨勢，明天變成傳統，要跟著不斷變化並且嘗試很多很多從未想過的方向及改變，才可以一直不被淘汰。**我就是抱持著這樣的堅持及信念，到現在才有今天的經歷能夠寫出這本書來與大家分享。

Miya 的正能量語錄

堅持是唯一的選擇，真的沒有捷徑。

22 直播帶給我的成就——靠自己買下屬於自己的房子

前面分享了很多心路歷程，這篇則要來與大家分享，關於直播帶給我的人生成就。在進入直播界堅持這麼多年後，我們的生活及收入確實有改變，但有犧牲就一定有獲得，時間投入在哪，成就就在哪。

這時候人生中的貴人達哥一直鼓勵我與阿北，要趁現在買一間房子。然而當下我們聽到其實都是害怕的。跟大多數人反應一樣，我們拿不出頭期款，也害怕要扛下這些壓力，甚至完全沒有想過可以擁有自己的房子。但達哥一直鼓勵我們，告訴我們要趕快去看，先不要管買不買得起，因為看了就會有更多動力去打拚，**當你想要達成一個目標，全世界都會幫你。**

於是，就這樣被唸了一年多，我們終於下定決心「去看看房子」。一開始我先上網搜尋，一邊跟阿北分享，但現在房價高得嚇人真的太可怕，所以我們先放寬範圍及條件，屋齡也提高，找房價低一點點的，但是怎麼看都不敢想像有一天我們可以買到。不過，我們還是聽達哥的話跨出第一步，先開始約房仲帶看房子，假日一天看個五、六間，除了周圍的生活機能、環境、停車場是機械或平面等等，還有房子看出去的風景、樓層及屋裡的格局，很多很多都成為我們考量的因素，看完之後我跟阿北都會一起評分。

我聽過人家分享，看房子除了緣分之外，你會有一種很強烈的直覺「就是它了」。但是看了將近半年，都沒有我們特別喜歡或滿意的，直到看見現在住的這一間房。還記得當初只是開車經過，就下去隨便看一下房仲公司門口貼的各種房價廣告傳單，房仲走出來接待我們，並且說要帶我們上去看他自己住的格局（沒錯，剛好他也住在那棟）。因為要出售那層樓，還要另外約時間才能帶看，而當時我們一上去看了之後覺得不錯，滿符合我們想要的格局，三房兩廳也夠住。因為當時還沒懷孕，想說將來萬一生一個孩子住也剛好，於是當下就要了房子的詳細資訊，並跟仲介加LINE。一上車後，我跟阿北說我很喜歡，但問題是價格破千，超過我們的預算很多。說起來也荒謬，我們兩個身上加起來連十萬都沒有，最後卻買成這一間房，你一定覺得怎麼可能，但你們看下去就知道了。

因緣際會　遇上願意幫忙的房仲

當然，買房這塊有太多眉角了，你遇見的房仲好壞也會決定是否能買成。還記得當晚回家，我就跟當天帶看的小姐詢問了下目前屋主的時間。大家都知道房仲肯定很急，希望我們趕快下斡旋，然後就是大家常聽到的各種話術，例如還有人在等，或是明天就要出去跟另一組買家談價之類的理由，迫使你要著急得趕快下斡旋、跟著出價。

但是買房不像買菜那樣單純，更何況價格超出我們預算的金額很多很多。我記得我們當天晚上試探性開給房仲一個價格，問他有沒有機會？我們比屋主開的價再低了一百五十萬左右，對方就一秒告訴我不可能、差太多了，然後明顯就對我們興致缺缺很冷淡。我跟阿北只好失望的打算放棄，因為我們確實無法再負擔更高的價格。

但也許像達哥說的，當你想要的慾望夠強烈，全世界都會幫你。這時候說也奇怪，也是某種緣分，我們透過機會遇見另一位房屋仲介，他很熱情也知道我們有在看房，詢問我有沒有看上哪個建案，喜歡的他可以幫我們努力看看。我說出那個建案後他很驚訝，就這麼剛好他自己也買在那棟，更加深我跟阿北的決心。大家都知道房仲會受過很多專業課程，接連兩位房仲都選那棟來賣，就表示價值上來說是值得買的，風水來說肯定也不用擔心，至少對於我們這種完全沒有經驗的買家來說，會多一點信心。於是那位房仲也提出可以帶我們去看看他家的裝潢，因為起初我們擔心室內坪數太小，或是不知道怎麼裝潢比較實用。

一眼相中　命定的房子

一走進去我們買的那戶時，我到現在都記得當下的感受。它是連水泥都還看得到的毛胚屋，水管甚至外露還沒完成，只有廁所跟廚房設備已經完成。聽房仲說，這間原是屋主要買給自己女兒住的，但她不喜歡，所以打算售出，我心想真是好命的女兒啊哈哈。

其實我從以前租屋就非常在意採光跟通風這件事，所以，當我走到客廳看出去一望無際的風景時，便瞬間深深被吸引。房間連主臥廁所都有對外窗，這對我來說非常加分。我很在意廁所這件事，連外面那間共用的廁所都有對外窗，更是完全打中我，樓層很高也是我喜歡的原因，因為晚上可以看夜景。

儘管它任何裝潢都沒有，而我們半年來看超過五、六十間房子，再高級的裝潢都看過，但就這間，連晚上閉上眼，我都可以深刻記住房子的格局。很多房子都是你看完走出來，就會忘記它長什麼樣子，所以我一直跟老公說我真的很喜歡，就要買它了！我相信我的直覺，連阿北也給它很高的分數。當然！另一方面他也是看我非常喜歡。

但問題一樣就是房價很高。我也老實告訴現在這位房仲，我們有試探性開價給上一位房仲，對方完全不想幫我們，就說不可能以那個價格買到。但出乎我意外的是，這位房仲只跟我說：「相信我，如果你們真的很喜歡，下斡旋給我，我一定幫你們努力拿到。」我跟阿北回家討論了一下後，便決定那就試試看吧，因為我們真的看了很久，很多建案都沒有這間這麼喜歡。於是我們湊了斡旋金十萬給房仲以後，就開始焦慮就算房貸可以貸到八成，我們頭期要怎麼生出來？賣腎？也不可能回家找家人，我們身邊也沒有什麼有錢的朋友可以借。

✧ 貴人達哥再次幫我們一把

於是我們找上我們的貴人達哥，告訴他我們看了房子以後，決定買下現在很喜歡的這一間，但是價格很高，頭期也還不知道怎麼辦。當晚，我們特地到達哥家坐下來談，而他真的幫我們很大、很大的忙！

我想，這輩子若沒有他幫這一把，我們真的不可能有辦法實現這個夢想。他分析給我們聽，以我們現在的收入可以怎麼做，然後他願意借我們一大部分的頭期款，但不能是全部，因為他說要我們用盡力氣去擠、去拼湊、去想辦法得到。於是最後我們得到了八成頭期款。

剩下的我在這要特別感謝兩個人，黃任玄跟林億蒼，他們是阿北的大學同學，加起來認識到現在大概七、八年了。朋友不用多是真的，雖然他們都是做傳統產業的，只是一般收入，但讓我很感動的是，他們看見阿北的訊息是找他們借錢，卻沒有拒絕我們，相反的是把他們身上僅有的存款都借給我們。

雖然只有十萬，對買房子這個洞來說，真的是很小的數字，但這卻是他們身上的所有。我到現在都會記得那一刻的感動，因為我知道有很多朋友會敗在借錢這塊，但他們卻在直播這條路上、在買房子這件事上，無條件支持我們。

✧ 我們抱著必須買成功的決心

在努力拼湊頭期的同時，房仲也很努力幫忙談到我們的目標價格。終於約出來要簽約的時候，我們兩個興奮又緊張，簽約當天雖然價格還是有被往上加一點點，但仍在我們接受的範圍，而且當下我們也抱著必買成功的心情前去。順利簽約見面那一刻，我記得賣家還特地看了我們的年紀說：「這麼年輕，你們很優秀要加油喔！」還看著阿北說：「你很棒，買老婆的名字是個好男人，我很開心把房子賣給你們這麼棒的年輕人。」

我到現在都記得，順利拿到買賣契約走出房仲那一刻，我們擁抱彼此，然後超級興奮的在車上又叫又跳。我們竟然……實現做夢都沒想過的事情欸！！！太扯了真的，但接著也立刻感到壓力瞬間衝上來，擔心銀行貸款的部分，還有後續裝潢跟家具要花的錢肯定很多。

對了，這裡還想跟大家分享一個很有道理的事，買房子，千萬、千萬、千萬不要問家人朋友的意見，因為你會永遠買不成。

還記得當初透露給雙方家長我們要買房的訊息，並且開始看房子，到最後決定買下它時，那個房價一秒被打槍。只能說有些長輩對買房的觀念是不同的，有的人會覺得房價會跌再等等，有的人覺得我們高估自己的能力，一下就要買到破千萬的房子太有壓力了。太多太多的聲音意見，會導致你原本就已經很有壓力，心情還會更煩躁。

當然，也會有支持你、鼓勵你的親友，但不管如何，我們彼此的共識就是一毛都不跟家人拿，一塊都不要。因為我們不希望未來有任何因素，導致我們沒有完全的主導權。畢竟有些家長會覺得自己有出錢，然後開始在裝潢上出意見，或是未來有任何爭執不開心，就會拿出來說嘴。我們雖然相信彼此的家人不會這樣，但為了杜絕萬分之一的可能，這是我們夫妻的共識。

我說的完全不要問家人這件事，有的人會覺得這樣很不尊重家人，或是感受會很差之類的，但前提是，我們完全百分之百自己負擔了所有的房貸及開銷的壓力，只與彼此家人說，祝福我們就好。**大家的意見跟想法都不同，但這是我們的決定、我們的人生，如果現在不靠自己努力，不去背負壓力，又該如何成長呢？**

就在以為一切順利時，問題就來了。銀行貸款沒辦法到我們當初設定的那麼高，對我們來說是噩耗，因為我們真的沒有更多現金可以補上了。我們趕快打給房仲與代書詢問意見，代書有多提供兩、三家銀行，要我們同步去詢問看看。這時也要提到關於「直播」這行業，對銀行來說，他們有不同的見解，因為直播算是這幾年才興起的新興行業，所以有的銀行認為是「收入不穩定」的，也有的銀行不太在意，但會看「餘額」多不多。

後來有一家銀行打給我們，告訴我們收入可以，但餘額不多的情況下，有一個方法如果能成的話，就可以貸給我們要的成數。因為我爸爸是做生意的，所以他的名字是有金流及存款的，如果他同意為我們做擔保人，就可以直接放款。我馬上跟我老公說肯定沒問題，我爸那麼疼我，回去找他說一聲就好。

父親的拒絕　讓我當下覺醒

我還記得當時懷老大挺著七、八個月大的肚子回娘家，一坐下來跟爸爸開口，要他當我保人，銀行就願意貸給我們要的成數。只見他緊皺眉頭沒說話，我明白他的擔心，因為在他們那一輩，就是有太多給人擔保背債破產的狀況。但是，我告訴爸爸真的不用替我擔心，我一定會付得起房貸，我會很努力工作賺錢。

結果，爸爸卻說：「我都六十歲了！還要替你們擔保，擔心三十年我不要啦，如果你們繳不出來，銀行是找我。」我當下腦袋一陣空白。我一直信心滿滿，爸爸從小疼我到大，把我當公主一樣，這點小忙也不用他拿錢出來，他肯定會答應幫我的。但被他拒絕那一刻，我眼淚就掉了下來了我跟他說現在一百多萬都進去銀行了，時間一到就要履行後面的金額，不然就會被買方吃掉，我們真的需要爸爸幫忙。

我詢問代書，看看能不能一年後把保人換成我老公，因為我們一起做直播，薪水都一起匯，沒有特地養「薪轉」，代書也說，一年後如果我們要更換保人是可以的。但是，爸爸還是不同意幫我，也沒開口要借我錢。

果然家人再親密，碰到錢還是會很尷尬，甚至還被潑冷水說「當初叫你們不要看那麼貴，為什麼不聽，現在回來要我幫忙」這類的話。我當下咬著牙、紅著眼跟老公說回家。我對家人說：「我絕對不會再開口要你們幫忙。」說完頭也不回，就坐上車準備離開。

我還記得我媽衝出來，喊我老公名字說：「對不起，阿姨（那時我們還沒登記）也很想幫你們忙，但是我沒有錢……」我就跟我媽說：「沒事！我們自己可以，妳進去吧！」就這樣，我在行駛高速公路上的車內，大聲用力的哭泣著。阿北沒有說話，只是緊緊牽著我。

我哭是因為，我以為爸爸會義無反顧幫我；我哭是因為我家人最後沒答應幫我，還潑我冷水，我也在心底告訴自己：「我一定會靠自己買下這間房子給你們看。」

就這樣，我們很有骨氣的不靠家人幫忙，甚至在我坐月子期間，阿北都努力去跑銀行，後來終於順利貸到我們要的金額，也順利等到對保後交屋的那天。我們興奮的拿著鑰匙，走進屬於我們的家。房子空蕩蕩的完全還沒開始裝潢，但我們擁抱著彼此，站在客廳看著窗外的風景，感謝老天幫忙，感謝朋友跟老闆幫忙，還有這中間為我們奔波很多次的房仲。這一切都太不可思議了，我們終於實現這個從沒想過的夢想。

夫妻白手起家　買下人生第一間房子

後來的裝潢、挑家具到入厝，我還是邀請了家人一起過來。我冷靜思考後能明白爸爸的擔憂，一方面他也擔心我們要承受這麼大的壓力，並且我們不能道德綁架，覺得他一定就要答應，或是一定就要替我們承擔他的擔憂。畢竟這是我們的選擇，自己承擔也很合理。後來，爸爸也是很開心我們做到了，也把新家的窗簾當作送給我們的入厝禮（我家是做窗簾的）。

從開始裝潢到挑家具，裝潢全部完成到進家具，我們沉浸在喜悅中，同時更努力工作，因為全部都是開銷，全部都跟錢有關。**我非常感謝老闆推我們一把，因為這些壓力，確實讓我們更努力，逼自己成長，逼自己努力賺錢，所以我沒有後悔過這個決定。**

我常常看見網路上關於現在年輕人買房的新聞，有很多酸民會在底下留言，說要靠爸靠媽才買得起，現在這年代、這收入根本就不可能負擔。但我想說，我跟阿北就是咬著牙，一起不靠家人白手起家，擁有我們人生中的第一間房。你會說，因為我們剛好有老闆幫忙頭期款，不然怎麼有辦法實現；你會說，我們剛好很幸運，銀行也可以貸到我們需要的金額，不然怎麼可能。**我想說的是，只要你有心，就算全世界都不幫你，你也要相信自己一定可以，**因為我們為了這個夢想犧牲很多，也付出很多，堅持了這些年，一直到現在才實現。

如果當初在某一個時期選擇放棄，或是逃避這份壓力，不敢讓自己去承擔，這個結果都不會實現的。所以，希望正在看這本書的你們，都能擁有滿滿的正能量，都可以藉由我們的故事鼓勵到你們。

Miya 的正能量語錄

面對人生的任何挑戰，不管遇見任何困難，都要相信自己一定可以迎刃而解。

23 印象深刻的每一次紀錄及突破——黑馬之姿在 LINE 直播創下千萬業績

就在慢慢成長的穩定時期，我們再次感謝自己與老闆都沒有因此停下腳步，因為我還想看見自己能創造多少紀錄，我還想看見自己能觸碰到多高的業績。

還記得一次次突破自己的業績，我都會開心的抱著阿北又叫又跳，但在這之前我跟大家一樣反應，看到新聞、聽到人家分享，都會認為這些數字根本是不可思議的天文數字，怎麼可能一場就破千萬業績，甚至更高？直到這次自己真的創下紀錄以後，我除了感謝粉絲滿滿的支持，也感謝自己從沒選擇放棄，才能走到今天這一步。

永不忘記的那一天　二〇二二年六月十六日

我大概永遠不會忘記這一天，二〇二二年六月十六日當天，是我首次在 LINE 直播，也是當天創下「全台首位直播主首場 LINE 直播營業額破千萬」的紀錄，且結單率*為百分百‼

讓我帶你們回顧吧～

還記得第一次收到LINE的邀請時我很擔心，因為害怕客人會不習慣那個下單介面，或是不會結單導致轉單率很低。但是LINE當時提出可以回饋客人LINE POINT 10%，我覺得滿吸引人的，也決定給自己一個機會去試試看。

我知道滿多直播主都有在LINE上面直播過，業績也都不錯，當時我算是在中間等級的階段，也希望自己可以再達成更好的目標。所以從收到邀請之後，我便沒日沒夜的思考，要給粉絲什麼樣的商品，**要如何可以做到自己設定的目標「一千萬」**。

你沒看錯，我當時就先給自己設定這麼高的目標。**我常鼓勵後輩直播主，要給自己設定一個很難達成的目標，然後用盡全力去達成，就算最後失敗了也不會離目標太遠，你也會知道自己其實是有能耐做到哪邊，調整方向再努力，也許下次就會真的實現**。我就是這麼緊繃的人，就是這麼逼自己的那種。

所以，我開始籌備我的周邊商品，開始跟團隊開會討論應該要準備哪些標數*，並且安排庫存量，盤算賣出去幾組會是多少業績。當初在我家開會寫下的那張紙，我都還保留著。我自己在寫的當下還覺得好荒謬喔，這銷售量及業績對我來說好遙遠。

我當時單場最高業績大概是一、兩百萬左右，要自己一次跳躍這麼大步壓力超大。一路前後準備了半個月，我在腦海中無數次演練應該怎樣賣，怎樣介紹及安排標數才會更順利，以及在這天到來之前，我要如何在群組裡跟粉絲互動，要如何燒起大家的慾望，讓大家都會準時上線……很多的問題及過程我都必須一一去設想。

緊張到吃不下任何一餐

這天到來時，我緊張到完全沒有吃任何一餐，只要面臨大場的直播前，我都會焦慮到完全無法睡覺及吃飯，害怕自己表現不好、不如預期。但我也會同時鼓勵自己是最棒的，一定可以做得到，跟內心的自己反覆對話。**直到一切就緒按下「開始直播」，我就會一秒忘卻這些緊張跟心情，直接轉換角色，變成我最熱愛的「直播主」這個角色，成為那個充滿自信又活潑的「Miya」。**

由於 LINE 沒有廣告可以下，所以真實上線人數大概在一千多人，已經有超出我的預期，畢竟可能有其他因素，導致大家無法跟上直播，但一開始難免小擔心業績受影響。然而在上我最有信心的產品「女神可可」這標時，我瞬間沉浸在自己的介紹世界裡，一邊銷售時，我的小編會舉白板給我看目前加單的數量。我們在事前開會時，這標我就有預期必須賣到多少數量，才能達到幾百萬業績，所以我很認真介紹，每一秒都在瞥看電腦的加單數量，離我預期有多遠。

直播主就是這樣厲害的角色，嘴巴在說話、眼睛瞥旁邊、頭腦在轉動，可以一秒同時做很多事，反應依舊很快速。最後，在第一標賣完送單時，我就做到八百萬業績了。我立刻放下心中大石，後面只要按照我準備好的標數賣一定沒問題。前三標結束，我立刻使眼色，小編舉白板給我看，當下我差點尖叫出來，因為我破千萬了!!我跟阿北對看一眼後，繼續順利的直播到最後結束。

下播那一刻，我尖叫之外，還跳到阿北身上用力的抱著他，真的太不可思議了！我真的做到了！我看到手機傳來老闆的訊息，當天晚上連 LINE 直播總部的人都在線上看，不可思議看到加單留言一直跳，直到我下播。**我讓更多人看見「Miya 人妻妹紙」這台直播了**。我終於可以好好吃飯跟睡覺了。

這就是我說的，直播帶給我滿滿的成就感，是我無法言語的，因為背後要付出的太多，很多都是大家看不到的。每一次達成的成就都讓我充滿喜悅，我又再一次證明自己做到了，同時也開始設定下一次要達成的目標，我要為自己寫下一次次的經歷。

從素人到擁有資源　感謝粉絲一路支持

接下來參與電視節目錄影、跟明星同台直播等等經驗，都讓我覺得不可思議，每一步都是很大的成長與經歷。從以前小小的素人，到現在可以擁有這些資源，我非常感謝公司，也感謝我的貴人——花媽，帶著我一起成長，帶我到獨自一人無法到達的地方；更感謝粉絲一路支持，有你們的支持陪伴，才能讓我寫下這些故事，真的感謝老天這麼疼愛我。

去年（二〇二二年）十二月開始，我更是受邀去東森購物，第一次跟天王憲哥一起直播，介紹他手上最夯的產品「紅藜果膠」，也因為這一次的合作曝光，讓更多人可以看見我；而到了今年的新品，也讓更多人知道我的粉專，知道我們賣的是正品，加上一次次的合作與曝光，我能靠自己的努力，當品就創下銷售兩、三千盒的數字。

我也在今年二月，以芭比風格廣告看板攻佔中友百貨十字路口。在拍攝廣告看板的過程很好玩，當時我剛懷孕，但沒有因為懷孕停下工作，反而希望大家可以把我當一般人看待，因為我是真心享受這份工作，也喜歡每一個自己決定要去做的事。

✧回母校分享心路歷程

在今年四月，我也受邀回到母校南開科技大學，以傑出校友分享直播的心路歷程。當然我能理解，坐在台下的學弟妹未必有興趣聽這些，因為當年坐在台下的我，肯定也會覺得無聊，甚至腦中想著午餐要吃什麼。但當校長與我聯繫時，我內心是充滿喜悅的。我也許不是什麼偉大的人或是多紅的明星，但我靠自己一步步走到現在，能回去母校分享這些過程我非常開心。

當時我甚至不顧自己懷孕七、八個月，做簡報做到凌晨五點，就為了用最簡短的時間，濃縮我的心路歷程，給學弟妹們一些鼓勵或是當個好榜樣。不管是什麼學校都會有好學生出現，這份肯定在我站上舞台、被燈光照耀，講述這幾年來的點滴成長時，我看著台下的母親眼光帶著光芒，我相信此刻她心中也是無比的驕傲跟開心。

六月即將快生產前，我依舊享受著滿檔的工作，受邀到台北錄製「Bocast 直播客」podcast，你們到 YouTube 搜尋「做別人不敢做的千萬直播夢」可以看見我的單元，一樣是分享著直播的心路歷程。**這些看在別人眼裡可能沒什麼，又或是沒什麼人會去聽，但對我來說，我都是為了自己去做的，因為那些都是我在直播過程中留下的痕跡，我很喜歡也很開心。**

我也在六月同時受邀到「台灣房屋」演講，台下有非常多資深的前輩，也許在他們眼裡我很年輕，也許這些經歷沒有什麼，但我可以激勵到新入行的員工們。我也願意告訴他們，這些過程可能很難，但只要堅持著，不要去想哪一天會成功，要不斷精進自己，不斷朝目標前進，有一天一定會實現的，真的！

Miya 的正能量語錄

我想告訴社會新鮮人，「勇敢去嘗試任何你想做的事」，只要你覺得是對的方向。但不要只是想或是用嘴說，因為現在社會變化太快了，今天的趨勢明天變成傳統，你必須不斷精進自己，才跟得上變化才有競爭力，只要願意去付出，真的任何行業都會有所成就。

Miya 的直播關鍵字

· 結單率：直播當下喊單的數量與真正有結單付款的比例。

· 標數：直播當下，每一標準備銷售的產品順序。

十萬粉絲的快問快答時間——
展望未來／平衡家庭關係

1 問：假如現在有更好的工作機會，Miya 會離開直播這個圈子嗎？

蔡依林

答：不會，因為我還沒打算現在就下車哈哈。我還希望在這份工作中寫下更多精彩的紀錄，還想在直播領域接受更多挑戰，實現自己的更多目標，將自己的能力發揮到極限。現在只在攻頂的半山腰，不能現在就放棄，因為我想跟大家一起看見山頂上美麗的風景。還要走多久我不知道，但我知道這一路走來是因為有你們的支持，也因此，我希望可以讓更多更多的人，因為我而重新愛上自己。我會一直在直播這行業，直到有一天直播徹底消失，或是真的做不下去的那一刻。

2

問：想要知道Miya每次在試新品會有什麼顧慮，尤其懷孕也要試新品真的要有很大的勇氣。

吳書瑾

答：完全沒有顧慮，因為我知道我給粉絲的商品，必須是最好的。成分更不需要擔心，所以懷孕試產品對我來說是很棒的，因為我自己就是產品最好的代言人。我的家人、小孩都在吃，對消費者來說，也就會增加更多信任度啦，也因為自己跟家人、小孩都會吃，在成分要求上，我一定也是更加嚴格的唷。所以產品檢驗報告或是製作過程，這些我都一定要求且親自參與。

3

問：請問Miya～妳在懷孕的當下同時要出書又要研發新產品，以及在直播時面對顧客不斷重複的問題等等，要如何去做心態調適及紓壓呢？是否有想過要放棄呢？

林素琴

答：老實說我很享受這個過程，雖然壓力很大也很累，時間更不夠用，但是我很喜歡能完全沉浸在滿滿的工作當中，這是一種實現自我價值的感覺，因為有能力去做這些事情，我感到很開心。

當然，每天回覆同樣的問題，不管在直播當下或是群組裡，我偶爾會小失去耐心。就拿群組來說，我明明花了時間把商品介紹與食用方式，以及使用方式都整理好放記事本，只要點進去看就都有答案，但很多人非常懶得尋找，只想用問的。但我也會告訴自己，當初是我告訴線上粉絲，這是給大家的售後服務，所以我還是都會回覆。

但往往更一秒傻眼的是，我可能剛回答完這個人，過沒多久就有下一個人問同樣的‼同樣的問題啊‼可能就在前兩、三句而已，我會小傻眼哈哈～然後邊翻白眼邊打字回覆（好盡責哈哈）。

心態調整嗎？我很少花時間做這件事，因為我提過我是個樂觀的人，這在我生活中是非常渺小的事，因為我需要把重心放在更多好的粉絲身上——還是有很多人認真聽講解，以及願意花時間幫我回覆線上或群組新客的問題，我都非常感謝～我沒有太多時間去糾結這些微不足道的小事。

我是真的與工作融為一體，當按下開始直播的那一刻，我就一秒切換好角色了。可能上一秒開播前還在跟阿北吵架，但開播時，我就會讓粉絲瞬間看見一個開朗活潑的 Miya。

想過放棄都只是零點幾秒的念頭，因為我真的太愛這份工作了。我可以把所有時間投入工作裡，也可以放棄放假出遊。在前期直播時，基本上月休四天之外，我有時候會想進公司再多播一場衝業績，甚至很常整個月都沒有休假，整年就放年假三、四天，堅持了好幾年，連我自己都嚇到。

因為，進入直播這份工作之前的人生，我從沒有想過自己可以愛上工作，愛成這樣，而且可以堅持一件自己所熱愛的事，堅持到連阿北都會佩服我。所以，每當我在超級累、非常緊繃的時刻，冒出想放棄的念頭時，我通常只要睡一覺後就能在短時間內消化完畢，立刻恢復工作狀態。

4 問：爲什麼會想要出書，是妳的夢想嗎？

賴怡雯

答：我想給自己一個代表作，也希望透過這本書，寫下我一路走來的心路歷程，能鼓勵更多粉絲去做自己想做的事，也希望我自己老了以後，可以把這本書送給我的小孩，讓他們知道爸爸媽媽白手起家的故事。

不管未來會如何，至少這段故事值得拿來鼓勵他們，也可以讓我跟阿北老的時候再拿來回味。我更想做的是別人沒有做的事，當你看到這本書的時候，我應該是全台的直播主中第一個出書的，也許這沒什麼大不了，出書不難，難的是花了很長的時間撰寫。我也不在意多少人購買，畢竟也不是靠銷售量賺錢，但我又可以達成今年給自己的一個目標「出書」。也許很多人連看都不會看，或是覺得現在這年代很少人看書了，我其實不在意，真的。因為這本書我是為自己而出的，我想給自己每一年都創造不同的里程碑跟紀錄，也謝謝正在閱讀這本書的你，願意花時間在這本書上。

5 問：對Miya來說，直播這個行業還有更大的憧憬嗎？除了持續創新產品之外，是什麼原因讓妳堅持下去的？

陳柔柔

答：當然有啊，我的目標非常遠大，我希望有一天自創品牌可以讓更多人看見，除了請明星代言、網紅代言之外，也許有更多直播台會銷售我的產品給他們的粉絲，也可以為自己創造一條被動收入。我希望跟阿北兩個人手牽手去看極光，在沒有直播的情況下，可以不用擔心收入這部分。聽起來有點抽象跟遠大，但我相信繼續朝著對的方向努力下去，這個目標會被實踐的。

而且，我也不是一個甘於現狀的人。我會不斷給自己設立目標，之後用力去達成。我想知道自己的極限在哪，想在最精華的年紀好好衝刺努力，為自己寫下很多紀錄。也許將來某一天，我可以跟我的小孩分享媽媽年輕時期的豐功偉業哈哈。

堅持下去的原因很簡單，我希望更多人可以遇見我的品牌，猶如我的初衷奇蹟似的變美、變自信，這是我從來沒變過的初心。所以，除了嚴格把關每一種推薦給粉絲的商品，我自己品牌研發出來的商品，都希望能讓大家看見自己的改變，不僅是頭髮、皮膚、身材，從頭到腳散發屬於自己的魅力。

6

問：如果有一天沒做直播了或者退休後會想做些什麼？會希望小珍珠或殼哥以後不要走這一行嗎？就像有些藝人不希望自己的小孩再踏進演藝圈那樣。 匿名

答：我從來不會想「以後」，因為我是個非常活在當下的個性跟星座。射手座的座右銘就是及時行樂，先享受再說，因為也許意外下一秒就來了，我可能突然就這樣死掉，所以想

太多、想太遠，對我來說都是多餘的。**還沒發生、也未必會發生的事，先去預設立場，那太浪費時間了哈哈。**

我會做直播到最後一刻，除非這行業徹底消失。但我滿有自信就算去找其他工作，或是再自己創業都不會太難，因為這些年我學到很多東西。退休以後，如果年紀到五、六十歲，我想要買下一座山，養很多流浪狗跟貓貓們，照顧牠們，與牠們過著簡單樸實的生活；也想跟著阿北到鄉下找個寧靜的地方，我們兩個陪伴彼此，養隻小狗，在夕陽西下的時候，牽著彼此散散步。怎麼寫著寫著變愛情小說了哈哈哈。我覺得各個年齡層追求的生活不同，但老了的時候，我希望簡簡單單、享受最平凡的幸福。

我是非常美式教育，是真的，小孩想走什麼路我都不會侷限，就像我想嘗試任何工作，我的爸媽都是給予支持。因為自己嘗試過後，會更清楚知道適不適合自己，只要不是做壞事、作奸犯科，他們想選擇什麼樣的行業，我想我跟阿北都會支持的。

每個行業都很辛苦，我也相信鑽石到哪都會發光，他們一定會比我們更加優秀，不需要我們擔心未來的發展。我們需要給予的只有支持跟陪伴，告訴他們我們隨時都在身邊。如果他們願意一起討論，我們也會給予想法，但不會逼迫他們只能走在我們規劃的道路上。最終人生是他們自己要走的，所以選擇權，也會在他們足夠成熟的年紀時，讓他們自己掌握。如果到時直播這行業還在，而他們也有興趣，我們當然非常支持。這行業很棒，也很有挑戰性，我們還可以分享心路歷程與經驗，讓他們少走一點彎路也是不錯的。

7

問：我是家庭主婦已經八年了，每天在家，總覺得自己被框在小小的世界裡，想跨出去又心生恐懼。想請問 Miya 可不可以鼓勵一些和我一樣的家庭主婦們，如何跳出自己的侷限，勇敢踏出去，成爲像 Miya 一樣熱情又勇往直前的人，擁有開朗又樂觀的一顆心～謝謝。

夏天

答：親愛的，我非常想給妳一個大大的擁抱，真的真的辛苦妳了。如同我前面提到，有太多的媽媽犧牲自己，為了家庭跟小孩而失去自我。當然我不能說自己感同身受，因為我確實沒有經歷過，但我想好好真心地告訴妳，我明白重新跟社會接軌很困難，也很容易讓妳退縮，但妳要相信，當妳願意踏出去的那一刻，妳每一天都會比昨天更進步。也許選擇一份服務業的工作也好，每天可以接觸到不同的客人，都會帶給妳不同的感受。再次跟不同年齡層不要害怕。就像現在的六十歲的爸媽，也是勇於嘗試學習使用3C產品、臉書和LINE一樣。科技產品的來臨對於長輩一定充滿更多挑戰，所以只要肯學習、肯放開心去吸收，讓自己心態變年輕，就會更好融入，也不要擔心別人的眼光。

我們犧牲奉獻，是因為我們愛孩子、愛這個家，重新踏入社會更該被尊重，而不是成為我們的枷鎖。妳要相信妳一定可以，甚至讓孩子成為自己的動力，讓孩子看見媽媽的勇敢。媽媽既然可以為你們拋棄一切，也一定可以重新踏入職場發光發熱，讓孩子未來成長過程有個很棒的榜樣，也是很好的方式，加油！我希望看見這段話以後，妳已經選擇勇敢踏出這一步，找到更好的方式，活出妳的未來跟生活唷。

8

問：當直播主花了妳許多的精力和時間，也知道妳很樂在其中，妳有非常強大的後援在幫妳，但一定還是會錯過殼哥的一些長大過程。現在小珍珠又要出生了，當二寶媽不是輕鬆的一件事，妳該怎麼分配二十四小時呢？

江妮妮

答：我沒辦法想像哈哈哈，因為真的工作忙起來，自己都會沒時間休息，我太勇敢了真的！我想全天下的爸媽都是這樣，生了之後才有辦法去面對也邊學習成長。以前兒子還小，所以不太會有很大的感受，交給公婆幫忙帶我也很放心。但最近感觸滿深的，在寫這本書的同時殼哥上幼幼班，小珍珠要滿月了，我正在坐月子也只能偶爾打視訊給他，他因為太想念，開始會生悶氣不理鏡頭前的我們。

本來會固定週五晚上帶他回台中，然後假日過親子日帶他出去走走、陪伴他。但現在他感受比較強烈，發現爸爸媽媽很少回家陪他，看到我們都變得比較黏、比較撒嬌。而且他個性比較悶，不容易表達出來，通常都等我們離開以後，才會一直嘴巴唸著爸爸媽媽這樣。婆婆都會傳訊息說：「殼哥又在想你們了。」一聽到我心都會揪在一起……但現實是，我們還是需要兼顧工作賺錢，才能給予他們好的生活，所以等珍珠出生，我也沒辦法預期未來會如何，要怎麼分配，**但我相信一句話「時間就像乳溝，擠著擠著就有了」**。**再累都要有親子時間，再忙都不能錯過重要的時刻，這真的也是當了爸媽以後才懂的心情**。每次看到照片，都覺得兒子又更大了，非常不捨，但真的沒辦法。我相信孩子再大一點，一定會懂得體諒爸爸媽媽的。

9 問：Miya很用心工作、規劃自己想要做的事，但小孩沒自己帶會覺得可惜嗎？畢竟小孩的童年只有一次喔。

陳美美

答：說真的，再重來一次我還是會這樣規劃，因為我知道，自己不是個適合當全職媽媽，又或是重心都在家庭上的女人，這點我想阿北在娶我的時候就很清楚啦～我不是賢妻良母型的人，會把家庭全方面照顧得很好，或是進得了廚房可以煮一整桌佳餚的那種老婆，而是喜歡在事業上衝刺的事業型女人。

生小孩其實也是意外，因為我一直沒有將生小孩放進人生規劃中。我喜歡跟阿北好好談戀愛，一起努力賺錢提升生活品質，但在驗到懷孕那一刻突然覺得，也許一切都是老天安排，當時我們感情、經濟也都夠穩定，所以欣然接受孩子的到來。

在孩子出生的時候，還沒有太大感受，因為工作繁忙一直是假日爸媽，但是前面有提到錯過一些孩子的重要成長過程，確實會覺得遺憾，甚至他現在更大了，會撒嬌、會表達情緒，有時候也會覺得可惜，沒辦法陪伴著他一天天長大。但我更清楚這社會的現實層面，在這麼競爭的社會，我能打拚的也就是這段時間，只能在兩者都很重要的情況下，盡量取得平衡。

所以，在小胖殼小班的時候，我們也會帶回來身邊讀書跟教育，學校有重要的活動，我們當然也不會錯過。我曾看過一段影片內容分享：孩子成長最重要的就是那幾年的陪伴，而事業最需要打拚的時間也就是那幾年，兩者都重要都不能錯過；但比起孩子伸手需要兩百元，而我口袋只能掏出二十元的窘境，我更害怕這份難堪，更害怕讓他過上這樣的苦日子。這段話大概道出全天下父母的心境。我也認為對的人放對位置，就能發揮更好，甚至發光發熱。

每個人的人生，都是每一種「選擇」所寫出來的故事，沒有對或錯，也沒有最完美的做法能同時兼顧好一切，唯有我們做好每一個選擇。而我相信，我可以教會孩子，讓他們知道爸爸媽媽的努力奮鬥，白手起家不靠父母，就是很好的身教。

10 問：請問妳跟阿北都是直播主，怎麼分配工作及家務的問題呢？ ho pie ting

答：在我寫這本書的同時，阿北已經不是直播主了喲！他現在擔任直播主講師及廣告投手，協助更多直播主在直播這部分更加順利進行，以及開會修正方向協助他們成長。所以工作分配也就是各自忙於不同的專業領域啦，但偶爾會互相討論、交換意見。至於家務部分，我們從交往開始，阿北就沒有讓我做過家事了，加上我自己現在工作繁忙的話，我們會固定一週請阿姨到家裡打掃，幫忙分擔掉家事這部分。**把時間拿來用在更需要我的地方，提高工作效率。**

11 問：想問 Miya 跟阿北很用心的一起工作，雖然是假日父母，但其他方面相處上會有摩擦嗎？生活上或是帶孩子方面，會吵到離婚嗎？

wen chi yeh

答：沒有夫妻不吵架的吧哈哈，但是我們愛情長跑十年才步入婚姻，所以彼此真的很有默契，也很了解對方了。我們也有提前同居過幾年，了解彼此的生活習慣，現在都沒有太多的事情會讓我們大吵架或是不愉快了。當然難免會有的話，也都是他哄我居多，或是他可以想到一百萬種讓我一秒破涕為笑的方式。**如果真的摩擦比較多，也是因為工作理念跟想法不同稍微有爭執，但冷靜下來，彼此其實可以明白，我們都是希望為了讓對方更進步，所以也是一次次在爭吵中一起求進步。**

孩子部分，我們滿有共同的看法，所以沒有太多摩擦，也會互相溝通。我覺得大家都是愛自己的小孩，當然就是互相溝通就好，沒有必要為了孩子吵架啦，至於吵到離婚到真的沒有欸！我們真的是彼此相愛的很深這樣，哈哈這樣好肉麻欸～

12 問：婚姻是愛情的墳墓，Miya 覺得呢？跟阿北如何維繫婚後的婚姻生活？會不會有看到對方就覺得厭倦的時候？

張惠婷

答：我完全沒有這樣覺得，可能是愛情長跑十年才進入婚姻，非常熟悉彼此之外，我覺得很重要的是彼此有共同的「相處模式」。例如我們私下相處都很白癡，我很幼稚他也會跟著我一起幼稚，我可能在浴室洗澡聽音樂突然大叫他，慌張的跟他說我受傷了，他會立刻衝過來看，我就露出笑容拉著他在浴室裡一起唱著那首正在播放的音樂，一起沉浸在裡面。

又或是我們可以在對方面前做自己，例如在睡前比賽放屁誰臭、誰大聲，也會講一些無聊的垃圾話哈哈，或者問一些不可能發生的事情，但就想聽聽對方的回答。我們直到現在都有一個固定的「睡前聊天時光」，可能一起拿來聊公事，也可能拿來分享最近發生的事或手機滑到的新聞，分享一些好笑的影片，然後就一起笑出豬叫聲，又或者一起看著兒子的影片，一起幸福的露出笑容。

除了彼此有共同話題之外，也因為相處方式一直都是這麼有趣與自在，讓我們的感情一直這麼有溫度。他也會陪我一起瘋，有時可能工作真的太繁忙，一段時間下來壓力真的很大，他會突然問我，要不要下播立刻衝墾丁。下播都是半夜一、兩點了，來個說走就走的瘋狂，他可能很累，因為我不會開車，但他願意這麼做，只為了換我的一個笑容，這都是彼此互相珍惜這段感情，並願意付出的。

當然有很多人因為「與公婆相處」而有太多的矛盾跟爭執，老公的橋梁可能搭得不好，夾在中間處理不好，導致夫妻感情改變，又或是因為「柴米油鹽醬醋茶」等很多生活上的瑣碎小事，慢慢消耗掉對彼此的愛。跟婆婆的部分，是我聽過最多粉絲分享的，但我很幸運，因為我的公婆都跟天使一樣好相處，我婆婆也傳過訊息跟我說，我跟阿北結婚以後，希望我和她像朋友一樣的方式相處，有任何想法都可以直說。公婆他們本身也沒有太多古板的想法，也不會介入我們的育兒模式，大家都是用溝通的方式。都是因為愛孩子，所以沒有必要為此這樣爭執。

當然有些問題，我會告訴阿北請他用自己的方式跟家人溝通，我自己也明白他夾在中間很為難，畢竟兩邊都是他愛的人。我也會對我公婆跟他家人好，就像對自己家人一樣，所以自然老公也會疼愛我啦。

我認為能讓我們到現在還保有談戀愛的感覺，很大的原因就是「經營」。我很在意在特

定節日的儀式感，例如彼此的生日、結婚週年，這種日子一定要騰出時間，不管工作再忙，我們都會出去吃吃飯，或是互相送對方禮物，讓彼此不會因為在一起久了，就不去在乎這些，不然再過幾年就真的會變平淡。過節日是個可以讓彼此感情更升溫的機會。

還有一個我自己覺得非常重要的，就是「肢體接觸」。牽手跟擁抱是我們每天一定會做的事，連睡覺都會牽手。擁抱是我自己很喜歡的事，因為他很高大，我可以感受到滿滿的安全感。我受委屈，或是真的累到不行的時候，一個擁抱就可以治癒一切，給我滿滿的力量，再去面對更多的事情。

我曾經看過一篇報導，是在分享如何讓自己跟另一半維持感情的方式，就是肢體接觸。這是有經過科學驗證的，生理上來說，擁抱可以提升人體的血清素，血清素是可以讓人感到快樂的荷爾蒙，當血清素分泌增加，人也會感受到愉悅及自信，所以擁抱是一種很棒的親暱動作。至於牽手是我們雙方都習慣的接觸，哪怕只是從家裡走到地下室開車，我都喜歡牽著他的手，或走在馬路邊時，他也習慣讓我走在內側，十幾年來都是這樣隨時保護著我。

講到這第二個問題，就不用回答啦哈哈，撇開吵架的時候正常情況下，我們都不會看對方覺得厭倦。大概每對夫妻跟情侶都有自己的相處方式，而我覺得最重要的是，除了愛以外，彼此要願意「付出」跟「經營」。尤其是有了小孩以後，大家感觸應該會更深，重心轉移、需要付出的地方更多也更累，太多夫妻會在這時慢慢忽略彼此都需要被呵護跟付出愛。很常看到網路分享：想要有什麼樣的老婆，老公要付出的更多——願意幫忙分擔家務或是帶孩子的壓力，就能讓老婆多一點時間愛自己，而我們有時間愛自己，也就會有自信了，這都是環環相扣的。祝福閱讀我的書的粉絲，都能有個很棒優秀的老公或男友，有一段幸福的婚姻或感情，而單身的妳也會懂得「愛」自己。

13 問：有沒有會經爭吵後想回歸一個人生活，拋家棄子什麼都不想要的想法？當時有這想法妳怎麼對待或克服？

傅曉葵

答：有。這一定大家都有過，覺得自己一個人生活肯定很棒，簡簡單單、又不用面對這些壓力跟負擔，為什麼要讓自己過上這樣複雜的日子？如果可以卸下所有的壓力，我一定可以過得很輕鬆吧？但我知道我做不到，因為一切都是為了「愛」。我已經不可能過沒有阿北疼愛著我的生活，我有一對可愛的兒女等我寵愛他們，所以一切都只是「想」。除非彼此有人對這段感情有很大的傷害，像是外遇，或是其他更嚴重的事情發生，才可能走到這一步吧。

不用克服啦，這不是常常出現的念頭，也極少發生。多去看看自己擁有的一切，就會覺得已經很幸福了。要珍惜，有多少東西是別人渴望、求而不得的；學會轉念，就可以釋放這些負面啦。

14

問：現在和以前的觀念相差甚遠，讀書不再是一切，但基本的知識似乎也不可少。因應未來發展趨勢，Miya會想跟社會新鮮人說什麼呢？或者向自己的孩子傳遞什麼樣的教育觀念呢？

林庭羽

答：我想告訴社會新鮮人，「勇敢去嘗試任何你想做的事」，只要覺得是對的方向。但真的不要只是想或是用嘴說，因為現在社會變化太快了，今天的趨勢，明天變成傳統，你必須不斷精進自己，才跟得上變化才有競爭力，只要願意去付出，真的任何行業都會有所成就。

雖然這聽起來很像以前長輩會說的話，年輕人聽在耳裡都左耳進右耳出。但我還想說，真的不要害怕去嘗試，真的不需要在意太多聲音，因為這是你自己的人生，不需要對別人負責跟交代。

教育理念我前面也敘述不少，我跟阿北都傾向尊重並支持孩子的選擇，我覺得鑽石到哪都會散發屬於自己的光芒，任何行業都值得被尊重，也都有自己的專業度。所以孩子們想嘗試的只要是正當行業，我們都沒有理由阻止，並且會陪伴他們一起成長。

15 問：如何讓自己成爲出色的直播主？從默默無名到發光發熱的成長過程，其中心態又是如何？覺得自己得到什麼又失去了什麼？

范僑芸

答：我覺得所有的直播主都很出色，都各有自己的特色與客群。對我來說，就是真心相待我的粉絲，也用心經營，產品會替我說話。這是真的，大家自己的感受也是真的，這都會慢慢累積，讓自己擁有越來越多粉絲。

我其實從來都沒有覺得自己變得很有名，還是很厲害，我只是告訴自己，要不斷謙虛學習，持續成長，不管成長到什麼階段，都保持謙虛的態度，面對其他直播主或是廠商都記得謙虛。因為人外有人，每個直播主或廠商，都有很多值得我們學習的優點，也可能成為我們的貴人。

也記得不要因為現在很好了，就停下腳步忘記成長，因為今天好，不代表明天會好。**後面還有很多人也正在努力成長，也有很多更優秀的人不斷努力往前。**所以我要跟上，要不斷的跟自己比賽，在直播的生涯裡寫下很多自己設定的目標與經歷，這些都是我前面提過的。業績也好、經歷也好，這都是我想給自己的禮物，都是我在直播領域的付出及能留下的回憶。

心態上，我開心、我努力、堅持不放棄，最後實踐自己設定的目標。我會好好記住這種感受，再迎接下一個挑戰；我沒有上限，沒有天花板，多難的挑戰我都願意去嘗試。我也會鼓勵新的直播主們，不要預設立場，也不要覺得自己很渺小做不到。幾年前我也沒想過自己可以做到破千萬的單標業績，也沒想到可以出版這本書，甚至沒想過有一天可以跟藝人一起直播、擁有自己的品牌及產品，這些都是當初我如果放棄，就無法得到的成就。

我得到了很多經驗上的累積，也認識很多在事業上能對我有幫助的貴人與廠商，得到我想要的生活品質跟人生成就。而這其中同時失去的，大概是青春了吧哈哈哈哈，因為時間過得超快，快到我都快跟不上。

一眨眼又要尾牙，一眨眼又過完一年，特別可怕。但我也會害怕自己回頭看，發現一年過完了，我卻沒有做什麼，所以這本書也是我今年給自己的規劃，要完成的代表項目。至少之後回想起來，會記得我在二〇二三年出了屬於我的一本書。當然也失去很多與孩子、家人相處的時光，爸媽的白髮又多了，身體的小毛病也變多了，這都是同時失去的吧！

其實每次回去看到這些，我都會眼眶紅，只能一直告訴他們，要照顧好健康，需要保健品就跟我說，吃的不要省，我可以幫忙分擔，需要錢的我都會盡力，要他們千萬把健康擺在第一，對我來說沒有什麼事比這更重要的了。但對於女兒，現在真的沒辦法停下腳步，不能不衝刺，這就又回到前面大家問很多次的問題——如何平衡？真的很難，一定會有所犧牲，有所獲得，魚與熊掌不可兼得呀。

16

問：Miya 自己的靈感想法都是直接套用，還是會與另一半(老公、姊妹)討論。在事業的道路上，除了爸爸媽媽，誰是妳勇往直前不可或缺的重要人物？

lucky mantou

答：商品研發我一向都很相信自己的直覺，畢竟我是女生，也比較懂哪些商品跟東西會打中女生的心。周邊也是一樣，需要選色、材質或是圖案風格等等，我會跟設計部門相關團隊討論後再定案；至於直播上的話，也需要很多靈感，例如今天要辦什麼活動？商品如何組合？通常都是我自己想到之後跟我的助理、小幫手等等一起討論，他們通常跟久了會比較知道我的方向與風格，又或者是客人的特性等等，但通常是參考大家不同的想法後，我自己會做決策，然後執行；銷售層面我就會跟阿北討論，因為他切入的角度跟我比較不同，也會有後台的廣告數據可以參考跟修正。**不過，我也是近幾年才學會「傾聽」。不得不說我的自我意識真的很強，有時候是優點，但也會是很大的缺點。**

家人的支持以外，當然身邊的阿北也會是不可或缺的人物，因為他最常跟我朝夕相處，也明白我們的工作壓力、產業特性等等。一路走來從十幾人觀看到現在的成長，他自己也有當過直播主的經歷，我們更明白彼此的壓力，所以會互相鼓勵，甚至他會承受我很多的負面情緒。

當然，最最最重要的還是線上的每一位粉絲，沒有你們就沒有現在的Miya，你們的每一份支持與信任都是我滿滿的動力，也提醒我要把一件事做到最好並堅持下去，而且是沒有期限的一直重複。我們老闆常常說：「簡單的事重複做，簡單的話重複說。」最大的動力真的是你們，我會讓自己不斷成長，不斷寫下很多紀錄，甚至今年完成這本書，也是因為你們。

我希望用自己的努力來鼓勵大家，想做的事就勇敢去做，也想傳遞你們愛上的直播台，你們喜歡的直播主是真的非常優秀，不像大家對直播有很多誤會，認為直播就是賣爛的東西，就是暴力，或是靠那張嘴把黑的說成白的這種印象。

當然，這需要時間讓大家來認識我。所以上節目也好，出書也好，達成業績目標、成就也好，或是不斷創新開發新商品，每一次特別累的時候，我都會想起大家的鼓勵，看到大家反饋因為我們家產品而得到改變，那我就又擁有非常多動力繼續奮鬥。因為那些都是我存在的價值跟意義，還有不可替代性。我非常非常珍惜大家的喜愛跟這份工作帶來的成就感，真的謝謝你們。

17 問：五年之後最想跟自己說什麼？

Ariel lee

答：謝謝妳，辛苦了！堅持很不容易，但妳做得很好，夢想這條路上有太多的理由，可以讓妳放棄，但……謝謝妳從來沒有放棄，並且用著滿滿的熱忱經營直播事業。背負著很大的壓力，也承受著自己給自己的壓力，一定很不容易，能走到現在真的辛苦了。記得好好找時間休息，也要記得定期健康檢查唷。

18 問：如果有三個願望可以成眞，會許什麼願望？爲什麼？

巧菲

答：第一個，我希望我自己，還有我愛的家人、我的粉絲們，大家都可以身體健康。以前不會特別在意健康這件事，也許仗著自己年輕吧！長輩碎念都無感，覺得自己年輕、體力好、精力旺盛，但現在生過兩胎，也有自己的家庭以後，會特別有感觸。擁有健康的身體，才能有更多本錢，去做更多自己想做的事，包含陪伴守護孩子的成長。而對於家人，也是沒有任何東西比健康更重要啦。

第二個希望，看我直播的粉絲們，不管任何年紀跟角色，都可以找到屬於自己的價值，找回以前那個閃閃發亮、擁有自信的自己。從我身上想傳遞的美與自信，希望散發給所有的女孩、女人們，不要忘記好好愛自己，真的真的很重要。

最後希望，不管未來如何變化，我都可以保持初心，繼續在開發好的產品這條路上，堅持帶給我的粉絲最好的商品。也希望除了直播以外，拓展更多銷售平台管道及方式，讓更多人了解到我的品牌和商品有多麼棒，讓更多人變得更健康、更美、更有自信。

19 問：如果知道自己的人生將走到盡頭，Miya會把握當下跟誰過？想做什麼或者是想對誰說什麼呢？想在這個世界留下什麼？

Ivy hong

答：當然是跟家人一起過，陪伴在孩子跟爸媽、老公身邊度過每分每秒，好好把這種簡單幸福的感受刻在心底，也希望留下最美的身影在他們心中。

這問題我看到一秒眼眶紅欸！真的沒有人可以預期意外及明天哪個先到，我有太多太多話想說了。如果是我先比家人跟愛人早走的話，我想對爸媽說：「謝謝你們給予我到這個世界上的機會，給我滿滿的愛，給我一個完整的家庭，陪伴我成長。太多感謝說不完，如果有下輩子，我希望換你們來當我的孩子，讓我疼愛呵護，換我付出我的愛。抱歉讓你們白髮人送黑髮人了，千萬不要為我傷心太久，永遠記住我最美的樣子，也要好好照顧自己身體用力活到一百歲唷。」

想跟老公說：「謝謝這輩子我們可以相遇，能嫁給你是我這輩子做過最對的決定，我離開以後，孩子就交給你疼愛了，我會守護著你們。對不起說好的一起到老，還有牽著手在夕陽西下時坐在家門口一起聊從前，這些可能都沒辦法陪你了。你總說如果有下輩子，換你當女生讓我呵護，而我答應你我會用盡全力找到你的。謝謝這輩子與你相遇，不要傷心太久我會心疼，記住要好好的連同我的愛，一起帶給我們的孩子。等孩子大了，再跟他們說說他們的媽媽多美、多勇敢、多優秀，過幾年後用力把我忘了，不要孤獨到老，我會捨不得的。如果接下來能有緣分，遇見下個能陪伴你跟孩子的她，一定要先帶來給我看一下唷，不然我會吃醋的。最後我想說謝謝你，我愛你，很愛很愛。」

最後跟孩子說：「媽媽不責怪老天這麼殘忍，只給我這些時間陪伴你們。以後的路你們要自己走，要勇敢要好好愛爸爸，感謝當初你們選擇到我跟爸爸的身邊，也許我們不是世上最棒的爸媽，但是我們用盡全力愛你們。如果你們想媽媽了，就看看一張張我美麗的照片、燦爛的笑容，希望能帶給你們滿滿的勇氣。

面對人生的任何挑戰，不管遇見任何困難，都要相信自己一定可以迎刃而解。千萬不要有傷害自己的念頭，因為你們是媽媽心上的一塊肉，為了讓你們看見這世界的美好，媽媽懷了十個月承受千刀萬剮的疼痛，把你們生下來，一定要好好愛自己喔。學習成績不重要，因為爸媽想告訴你們學會做人更重要；事業不用飛黃騰達，只要你們過得快樂平安，沒有結婚也沒關係，沒有生小孩也無所謂，只要跟媽媽一樣用力的把生活過得充實，把人生過得精彩這樣就好。媽媽愛你們，很愛很愛你們，希望下輩子我們不管以何種方式，還有緣分再相遇，我一定會跟老天祈求多一點時間可以陪伴你們。」

這篇我寫到這裡，先承認已經哭了超過十次。謝謝你的發問，讓我可以靜下心來思考這樣的問題，也可以勇敢表達出我的愛。我不是什麼偉人或是多有名的人，但如果可以的話，我希望哪怕只有一小部分的粉絲，因為我的直播、我的書而被鼓勵到，能夠留下一份溫暖的笑容，以及善良的心給這世界，以及還有能夠有人記住，這世界曾有個開朗活潑的直播主叫「Miya」，那就足夠了。

第五篇

永遠記得——一路有你們

當然最最最重要的還是線上的每一位粉絲，
沒有你們就沒有現在的Miya，
你們的每一份支持與信任都是我滿滿的動力，
我會讓自己不斷成長，不斷寫下很多紀錄。
甚至今年完成這本書，也是因爲你們，
我希望用自己的努力來鼓勵大家，
想做的事就勇敢去做吧！

結語——

從「心」走過的直播路

寫著寫著到結尾了，還有很多細節怕太冗長沒有一一寫入，也有些經歷太難用言語文字敘述當下的感受。現在你們看見了 Miya 一路走來的經歷，我想對所有的粉絲，用力的深深說聲「謝謝」。這一路上，最大的功臣除了自己的堅持努力之外，也是因為有你們的支持跟陪伴，才有可能讓我成長並且創下這些紀錄，能寫下這些故事與你們分享。

我終於在今年又完成一個自己的目標——全台第一個出書的直播主。不是為了跟別人競爭，也不是想證明自己多厲害，因為只要想做，而我相信很多人都一定做得到。

但這個決定我花了很多的時間撰寫，從我確定出書、見完出版社，到這中間因為工作太忙真的沒有時間寫下去，出版時間只好從原定的暑假延後。我告訴自己時間一直在過，我必須為我做的決定負責，必須趁坐月子這段時間在月子中心裡，好好撰寫完成，才有機會在年底出版。

我不需要在意銷售量如何，但我相信，很多粉絲會願意跟我一起閱讀這本書，從「心」走過一遍我的直播經歷。

你們應該會納悶，為什麼我有一篇「五十一位粉絲送給 Miya 的真心話」，這本書不是寫給讀者看的嗎？如同前面提到過，這本書我其實是為了自己寫的，我希望透過文字，將這些故事寫下來，也希望在未來當我經歷挫折低潮時，可以再透過粉絲給我的鼓勵，找回力量，也希望正在閱讀這本書的你，不管認識或不認識 Miya 這位直播主，希望你能知道有一位直播主，這麼用心經營、服務、付出在自己熱愛的直播事業上，帶給消費者及粉絲們非常棒的回憶與購物經驗。未來就讓 Miya 繼續在這條路上，寫下更多精彩的故事吧！

帶著滿滿的勇氣　面對人生選擇

寫完這本書時，我也即將出關，要回到工作崗位上啦～雖然要面對更多挑戰及壓力，但我會記得累的時候停下腳步，再看看這本自己花了很長時間撰寫的書，重新充電後，再繼續帶給大家更多優秀的產品，以及一直在鏡頭前面呈現活潑、正能量的 Miya。

也謝謝家人們一路支持著叛逆的我，讓我可以在人生中闖出自己的小小一片天。未來直播會如何變化我不知道，但我知道我一定會一直堅持著自己做的任何決定，讓你們為我感到驕傲。

謝謝公司同事、小編、主管，以及所有李老闆直播集團的你們，一個人的力量很小，可以走的路不長，但因為有你們一起努力，我知道我們可以走得很遠很遠，未來也請繼續多多照顧啦。

最後的最後，也希望這本書可以帶給你們很多的鼓勵，也許你們的人生會遇見滿滿的選擇，每一個選擇會造成的結局都不同，但請像我一樣帶著滿滿的勇氣，面對每一個選擇。

我不知道直播還可以做多久，但我知道自己做了一個很棒很棒的選擇，所以遇見人生中的貴人，所以遇見你們這麼棒的一群粉絲。未來我也會繼續努力在直播這條路上發光發熱，不管未來你們支持我，或是消失在我的世界裡，我都感謝你們曾經出現過，也感謝你們花時間看完這本書。

Miya 的正能量語錄

夢想從不會背棄主人，只有主人才會背離夢想。

有人說夢想是遙不可及，我說，就是遙不可及才能叫做夢想——它一定要很艱難，甚至一路荊棘滿布，但我們還是要有追逐的勇氣。

五十一位粉絲送給 Miya 的真心話

1 粉絲「柯宜妮」想說：

第一次認識 Miya，是滑臉書時突然看到 Miya 的直播，當時完全不了解這位直播主在賣什麼東西。剛好直播主下連結加入群組，所以進而從群組裡面了解產品，但心裡總有疑惑，這產品吃了會不會有什麼問題等等……也會懷疑大家的反饋是真的嗎？直到後來看到 Miya 自己本身也有在使用產品，以及很認真的為大家解說細節，這才讓我很放心的購買產品。意想不到的是，當我使用產品後，身體有所變化，這也讓我更加放心及相信 Miya，相信只要跟著 Miya 的腳步就對了～沒錯！女人就是要疼愛自己。

2 粉絲「賴筱彤」想說：

最欣賞 Miya 不論在何時、不論什麼狀態都很努力，努力工作、努力照顧家人、努力愛自己！即使直播台就是有銷售金額才有業績，但是她還是會告訴粉絲們量力而為，在能力所及的範圍內喊單，而非一股腦推銷產品，是一位超級真誠的直播主，愛爆！

3 粉絲「min yi」想說：

Miya 真的是一位很用心、貼心又超寵粉的直播主，永遠帶給大家滿滿的正能量，人美心更美，對產品總是認真嚴格的把關，堅持品質，永遠把最好的呈現給粉絲們，非常實在；還有完美的售後服務，總是很有耐心的解說，讓人能很放心的購買商品，是真心的想讓大家也跟著一起健康又美麗，真的超讚！超級開心自己那麼幸運遇到 Miya。

4 粉絲「yazi Jian」想說：

我喜歡 Miya 是之前無意中在看直播滑到的，那時候存著半信半疑的態度，想說這個直播主賣力的介紹產品，而且每一項都介紹十五～二十分鐘。以往看的直播，很少人介紹這麼仔細，而且她會不厭其煩的回答大家的問題。我剛開始是購買卵磷脂，那時候買三組試試看，吃了是真的有改善落髮，媽媽吃了則有降三高，因為我相信買給家人的都不能省。在我還沒吃卵磷脂之前，洗澡都會掉一把頭髮，吃完之後改善很多，漸漸的就一直囤到現在。而且 Miya 很寵粉，常常會回饋商品或是周邊，所以我就越來越愛 Miya。

5 粉絲「江妮妮」想說：

我從小到大的身材都屬於纖瘦，所以「胖」這個字跟我是無緣的。當身邊的朋友都在減肥的時候，我一樣照吃雞排和鹹酥雞，連懷孕生小孩也不需要刻意的減肥，滿月後身材就恢復沒懷孕的狀態。那時候還很開心上天真的很眷顧我，不用像別人一樣減肥減得半死。

誰知一到五十歲進入更年期，整個新陳代謝大亂，開始連喝水也會胖。那段期間很焦躁，人家說什麼我就試什麼，電視廣告什麼我就買什麼，但始終看不到效果，這時候才知道要減肥是一件多難的事。

因為我一直都有在救援狗狗和做狗狗義工，在一個幫忙狗狗的社團內看到 Miya 的發文，從那時候就開始追蹤她。中間她換過各種的工作，直到開始做直播，一開始直播人數只有二位數，一直到現在的四位數，我看到她的努力、認真、付出，真的很替她開心。

有天看她的直播在介紹女神可可，我其實很心動想立刻下單，但還是觀望了一陣子，最後想說死馬當活馬醫，相信 Miya 買幾組來試試。

因為之前失敗的經驗，所以對於 Miya 的產品也沒抱很大的希望，沒想到不誇張，一個月內從大腹婆變小腹婆，真的是開心得不得了。

雖然後面因為自己新陳代謝的問題，身材變來變去，但我還是持續吃著Miya介紹的產品。因為Miya每次都親身去試產品，讓大家看的到效果，說服力也就特別大。總之我要謝謝Miya，讓我可以不用穿阿嬤的衣服，還可以繼續穿漂亮的衣服。謝謝Miya，讓我們一起加油，一起漂亮下去！愛妳唷。

6 粉絲「Mandy lee」想說：

從Miya身上看見及學習到，女生要好好愛自己，不管有沒有結婚，要先對自己好，別人才會對妳好，要先很愛自己，別人才會來愛妳。也看到Miya身上無比的自信及美麗，不管懷孕前、懷孕中及懷孕後，都散發著不一樣的美及自信。

7 粉絲「范僑芸」想說：

Miya在介紹每一樣產品都是非常專業且自信，對產品也是非常嚴格的把關，讓大家能吃得健康，只要粉絲有任何問題，Miya總是熱心的為大家解決，而且超級寵粉，只有送不完的周邊商品及優惠組合，總之只能說讚！

8 粉絲「kitty lin」想說：

在臉書上無意間滑到 Miya 的直播，就點進去看了一下，從那時候開始觀望，一陣子後才開始入手產品。因為自己也在意身材，所以想說試試女神可可，結果讓我覺得有神奇的效果就是小腹變平坦，而且便便也變順暢了，真的很開心。謝謝 Miya 讓我認識妳與對產品的用心。

9 粉絲「廖迎迪」想說：

想想追 Miya 也有三年了吧（還沒結婚時我就開始看了），回想第一次看到是跟花媽一起直播，當時就覺得這位直播主膚質很好，又漂亮，講話實在，就默默被吸引住了。

之後看了幾遍，終於忍不住下手買了第一個商品「膠原蛋白」，從此就被「ㄉㄧㄠˊ住了」一直到現在。就算沒扣打買了，還是會上線看一下 Miya，這似乎已經變成習慣，必須跟著 Miya 一起越來越美。

10 粉絲「陳麗塔」想說：

我看上Miya是從她打微導針開始，一步一步教使用邊講解打完會有什麼感覺，再來要怎麼讓皮膚變漂亮，要怎麼改善痘痘、痘疤，不只外在使用，還有內在要保養。女人過了三十要怎麼開始保養，妳要出門被叫大嬸，還是要被叫姊姊。這些產品都是Miya親自使用給我們看，教我們如何使用。我也慢慢地開始投入下去，讓自己變美變漂亮，懂得愛自己，我也敢大聲的說我吃了什麼，讓我改變最多、最大、最有感。

11 粉絲「陳柔柔」想說：

我在Miya的身上看到自信、光芒，不斷突破自己，一直創造自己的新紀錄。她面對生產身材走樣時，反而一直鼓勵線下的粉絲們和自己努力運動，做給粉絲們和Miya本人看，使粉絲充滿自信。在每一天的生活裡，無時無刻都沉浸在Miya的鼓勵中，使得線下的粉絲們很相信Miya，因為有Miya告訴我們，我們需要愛自己，時刻和我們當朋友。謝謝妳的出現，使我們身上和Miya一樣永遠都綻放光芒。

12 粉絲「紀家瑜」想說：

在看 Miya 的直播前，我幾乎很少會看直播，更別說會在直播上買東西。但是看了 Miya 的直播後發現，原來每個女孩都可以變得很美很好，也因為 Miya 的用心，每個產品的代言人就是她自己，她認真對待每個產品，真心的推薦給大家好的東西！

很多時候，在直播中抽包包、購物金、玩遊戲終極密碼送禮物，真的都是真抽真送，而且粉絲許願，她都會竭盡所能的滿足大家，還會帶給大家滿滿的正能量！因為 Miya，讓一切變得更美好。

13 粉絲「艾蜜娜」想說：

喜歡看 Miya 的直播，一秒被吸引住。她認真的介紹產品和做實驗分享，寵粉送很大，不知不覺中就下單了。在直播中看見大家使用產品後的反饋，認真覺得健康是無價的，而且使用產品後，覺得對自己的健康需求有所改善。真的很謝謝 Miya 辛苦研發出這麼好的產品，讓我們輕鬆無負擔，慢慢使自己和家人朋友不再亂花冤枉錢，改變大家的身體健康。售後服務更是一百分，很有耐心的解決購買商品後的使用問題。Miya 妳是我追隨、欣賞的目標，愛妳唷！

14 粉絲「alisa wang」想說：

一開始會注意到Miya是她跟阿北的愛情故事，我跟我先生也是學生時期交往之後結婚，再來就是產品讓我吃了很有感！多次觀望Miiya的直播，某一次下手買了之後，真的就像是一把鑰匙開啟了。而且Miiya直播的介紹非常詳細，哪些是你購買的，哪些是她送妳的，一清二楚，不含糊不欺騙，不會拿A賣你B，很真心！

而且我看她介紹化妝品真的很驚人，她什麼都親身體驗，自己用過、試過才賣，很少直播主這樣，往往都是衡量有賣就好，誰還給你試用心得的！一直想讓人跟著的原因就是很真！Miiya賣東西很真誠、用心，產品很真實有感！對粉絲很真心。

15 粉絲「陳靜芳」想說：

其實線上直播很多，但Miya的直播是讓我第一個認真按進去、看到完的直播。第一次進去我什麼也沒有買，因為害怕被騙。但認真看完後，卻期待下次的播出，於是就找到了粉專，然後按讚，沒想到再次播出後，就深深的入坑了。Miya給人感覺好真誠，商品也都實測過，這一入坑就爬不出來了。

16 粉絲「馮意茹」想說：

Miya 是我遇過最用心、也最寵粉的直播主，總是能帶給我們滿滿的驚喜和能量。不只這樣而已，她對產品也是嚴格把關，堅持給最好品質，把最好的產品呈現給我們，如果有任何不懂的地方還會有專業的售後服務，總是在第一時間做出說明，對我們有夠上心的！真心覺得能和大家一起變瘦變健康就超開心！能在三年前就看見 Miya 直播，並且跟播到現在，覺得自己是如此的幸運。

17 粉絲「鍾佩穎」想說：

我很少看直播，不小心看了 Miya 的直播後深深的被吸引，然後就從今年追 Miya 追到現在還在追，始終不離不棄。第一次購買產品的時候，Miya 一整個送好送滿，真的有一種魔力讓我想一直買、一直買。重點是產品非常有效，也非常喜歡 Miya 的口條，讓我對產品更了解透徹。也喜歡 Miya 的親和力，讓我想一直跟隨著 Miya，然後一起變美變漂亮變瘦。

18 粉絲「廣慈雅惠」想說：

我是從Miya生殼哥的時候開始跟直播，當時覺得這直播主也太拚，要生產的前夕還在直播，真的是拚命女郎！加上我自己當時也懷孕了，深深的被Miya的奶量給震撼，這卵磷脂真的這麼厲害，就開始先買女神水、花茶、卵磷脂、二代膠原蛋白，希望能幫助降血壓調整身體，慢慢的產品越買越多。即使懷孕不能吃女神可可，也是被介紹到忍不住囤了一堆，好不容易親餵到一歲要來準備斷奶喝女神可可，但才喝沒多久，老天又送了我二寶，我的女神可可又要收起來啦！真的是天人交戰欸！

但才短短一個月的時間不到，肚子真的是有變化，真可惜當時沒有拍照紀錄下來，現在好希望趕快卸貨，趕快餵完母奶，趕快把女神可可泡起來，追上Miya女神的腳步！我也要變美變瘦！

我覺得在Miya身上，可以看見每個女孩的夢想。她勇敢做自己，她的努力是我們都可以看見的，Miya身體力行讓我們知道，沒有醜女人只有懶女人。Miya加油，永遠支持妳。

19 粉絲「Riri lai」想說：

因為 Miya 清晰的口條，對於自身的產品非常熟悉且有自信，對於周邊商品的質感都有把關，也很寵愛珍惜粉絲們，針對粉絲的詢問，再忙再累都會盡心盡力的親自回覆。沒有看過直播主願意當著幾千人的面說卸妝就卸妝，一步驟一步驟教著我們保養，也以身作則陪著我們運動打卡，拍真實的使用照激勵我們。喜歡 Miya 的開朗，很真實親民，謝謝 Miya 不斷堅持直播，帶給我們越來越多很棒的產品。

20 粉絲「Chiu Luisa」想說：

一年多年前偶然機會看到了 Miya 的直播，一開始只是好奇，慢慢的發現 Miya 是個非常真實的直播主，任何產品都會親身試過，才會介紹給我們。我也看到 Miya 是個非常認真負責的直播主，一直往前走不斷的創新，也看到和阿北的相處互動非常好。

Miya 告訴我們，要每天和另一半保有新鮮感，才不會變成像老夫老妻那樣無聊，這個是值得學習的。因為 Miya 的真誠讓我一直跟下去，就算沒有扣打了，還是會小小的跟一下，因為 Miya 推薦的一定有其效果，很開心跟到 Miya。

21 粉絲「康以忻」想說：

喜歡 Miya 對產品的專業和真誠，Miya 對粉絲的寵愛像家人一樣用心對待，Miya 對產品親自體驗後，也才去推薦給粉絲。Miya 會耐心而詳細解說，還親自做筆記在群組裡，就怕粉絲不懂。

Miya 是我偶然看到的一位直播主，不為賺錢誇大產品功效、欺騙粉絲購買。Miya 身上散發著一種自信的女神魅力，讓人嚮往跟上女神腳步，一起蛻變美麗和寵愛自己。

22 粉絲「陳雅雯」想說：

之所以會一直跟著 Miya 的直播原因：一開始認識 Miya，是在臉書上無意間滑到的，當時 Miya 正在介紹微導針，整個被吸引住，因為介紹得很詳細外，還會親自使用，讓大家直接看到效果，這是直播所以假不了，我立馬就心動買了下去，目前用到也很有心得。

之後 Miya 開播幾乎都會看，看到她認真介紹自己研發的產品，並且自己親身體驗也有效果，於是乎就開始不停的買買買，膠原蛋白、香香公主、美顏、女神可可、魚子核酸……等等都買過，真的效果很好，很滿意外也有買給媽媽吃，也介紹給妹妹，現在全家都在吃很棒！Miya 家的保健食品。就連 Miya 做周邊送粉絲都很用心，不管是杯子、袋子或是包包真的很棒！

真的很喜歡看 Miya 直播，就是有一個魅力在，尤其對每個產品都很用心，並且認真介紹！讓人吃得安心，這也是我為什麼一直跟著 Miya 直播的原因！Miya 妳真的很棒，會一直支持你們的。

23 粉絲「黃佳純」想說：

Miya 真的是一個很盡責的直播主，產品賣給我們不是賣一賣就沒事，而是在群組裡親力親為，哪怕我們不懂或使用方式不對。直播台百百台，看了 Miya 之後再也回不去。好的產品會說話，一開始接觸 Miya 家的產品是在分享社團裡看到，我觀望了很久，從膠原蛋白開始嘗試，發現真的好入口並且沒有腥味，使用兩週後，有感臉部的皮膚變得彈性，之後慢慢的購入其他產品。好的產品會說話，我也是從一開始觀望、半相信的心態嘗試，到現在產品直接變成我的每天必需品，Miya 真的寵粉無極限。

24 粉絲「hsu ting」想說：

喜歡Miya努力不懈的精神，喜歡Miya直播也是因為Miya寵粉，看到Miya時常沒日沒夜直播、公司開會、親跑工廠……什麼事都親力親為，只為了粉絲。這也是我第一次在一個直播平台追隨那麼久，加上我從沒在直播平台買過保健食品，就連實體店面也沒買過，自己本身沒在注重這一塊，但自從看到Miya直播後我竟然下手了，不知不覺也追隨了快兩年。直播上直接吃自家保健食品，是讓人最放心的一環，如果自身都不敢吃，那說真的也沒人敢買了。

Miya直播也真的很賣力，賣洗髮精還直播洗頭，賣內衣還會試穿給粉絲們看，保健食品也會做實驗，光是講解單一品項可以講解半小時左右，把自家產品介紹得清清楚楚，不會隨意帶過就換下一標了。Miya對產品的認真，對粉絲的寵愛，就是我追隨那麼久的原因了。

25 粉絲「高米如」想說：

超級喜歡Miya的自信與勇氣，看了很多直播，很多直播是為了賣東西而賣東西，但是看Miya的直播，除了可以感受她對商品的熱愛，她也了解每樣商品的特性，還幫助顧客改善需要的問題，很真誠的願意當每一位顧客的朋友。這不是每位直播主都能做到的，Miya 真的很用心的對待每件事情！Miya 不只豐富了她的人生，也豐富了大家的人生，祝福 Miya 直播之路一路順遂，再創人生巔峰！

26

粉絲「xiao jyun」想說：

以前看直播，都只敢看看而已怕被騙，但當時剛好覺得自己生完小孩後，體態很不好看，剛好看到 Miya 在直播賣膠原蛋白和女神可可，又看到好多人留言給的回饋，就入坑買來試試看，沒想到就這樣一路跟隨。也很喜歡 Miay 會親身體驗後，再推薦給粉絲們，讓粉絲們能安心使用。很愛 Miay 說的一句話：「**不論是二十二歲還是六十五歲，都有權利變美，自己愛自己，是很重要的。**」

27

粉絲「sonia tan」想說：

我大概是去年十月的時候誤闖進 Miya 的直播世界，那時候還是妳跟阿北一起播。我還記得那時候看你們扮演了小美人魚、埃及豔后、阿拉丁，那時候只覺得你們很有趣，但我保持觀望態度。直到有一次 Miya 在家裡開聊播，那時候覺得妳好沒有距離，真的很像在跟好朋友聊天，介紹著好東西給閨蜜一樣，從那時候就感受到了我口袋破洞的路。妳講話沒有架子，會從粉絲的立場出發想，還有在問與答的時候聊了許多妳對人生的觀念，還有的妳的口條跟幽默，我覺得這些都是我深深喜歡妳的原因。

28 粉絲「黃心潔」想說：

因緣際會之下看到了 Miya 直播，第一次看到這麼率性的直播主，在介紹商品的時候，就好像是好朋友跟你分享她接觸到的好物一樣，沒有「推銷」的感覺。除此之外，我最欣賞 Miya 的堅持與認真，為了給粉絲最好的，對商品精挑細選、嚴格把關，每項商品都是親身使用、食用後才推薦給粉絲，讓我覺得很安心。

而且，還常會跟粉絲們分享她生活大小事，真心把每位粉絲當朋友，雖然認識 Miya 不久，但已深陷 Miya 漩渦再也無法自拔了。

29 粉絲「劉珈戎」想說：

第一次看到 Miya，覺得：「哇！這直播主好狂。」穿睡衣挺著大肚子在介紹膠原蛋白，有別於一般的直播主，將真實的自己呈現。漸漸的喜歡 Miya 她豪爽的笑聲，讓我也跟著「起笑」，趕走負能量，也讓我看到自己、愛自己、疼自己。

30 粉絲「陳點點」想說：

因為日安，所以認識了 Miya，以前滿排斥看類似直播的，但發現 Miya 跟其他直播主不一樣！多的是真心，而且講解超清楚，喜歡 Miya 直率的個性！說不出來的喜歡，但就是會讓人有種跟著 Miya 買就對了！而且在群組中有問必答，真的很強大！不會是遠在天邊的直播主而已，一種只要有問題，Miya 都在，讓人安心的感覺。

31 粉絲「ling ling」想說：

一開始是看到聯播被 Miya 的外貌吸引，覺得好漂亮就去找臉書開始跟播看看，後來發現賣的東西是我感興趣的，因為我愛美，Miya 賣的也是變美的東西。再來是因為聽過 Miya 聊天的內容，尤其是女性因有了孩子後所面臨的工作、家庭抉擇，還有 Miya 對工作的熱情和投入，這是我最欣賞的。

32 粉絲「郭沛蓁」想說：

對於這份事業勇往直前的妳，以熱情、專業及美麗回饋給粉絲跟產品，將親身體驗及見證展現給關注的我們，讓我們不由自主的想跟隨，展現美好的自己。

33 粉絲「賴昀吟」想說：

第一次看到 Miya 的直播就整個被吸引住，總是很認真的介紹產品，而且親身使用後才分享，收到產品後也會很認真教導使用方式，給的優惠組合也很大方，所以才深深的愛上。希望可以跟 Miya 一樣事業家庭都能成功。

34 粉絲「王君君」想說：

Miya 很寵粉，親身體驗產品，賣的不是只有產品，也常常分享自己人生哲學，讓我看到勇敢做自己、愛自己、愛家人。最讓我感動的是，Miya 花很多時間經營群組，把群組裡的人當家人一樣傾聽開導，還不忘分享自己生活點滴。

35 粉絲「林辰辰」想說：

第一次看到 Miya 覺得這個女孩也還好，後來發現整個就是「哇！這個女孩真的不簡單」，是一個很努力很努力的人，帶領大家一起變得更好、更美，很讓人值得學習的女神來著。透過 Miya 的分享跟教學，讓我在生完第二胎後，能快速的回到自己理想體重，真心感謝 Miya，謝謝讓我認識了妳。

36 粉絲「李小布」想說：

其實一開始我是先接觸花媽，才開始跟著Miya。每個直播主都有每個直播主的個性及特點，當然花媽跟Miya是不同的直播主，就算沒有購買商品，我也會開著聽著直播或是留言跟Miya互動。我覺得Miya時常鼓勵著大家，也會分享不管是生活也好、直播歷程也好，聽著Miya講這些就覺得好療癒，很振奮人心。最重要的是，產品是真的親身體驗呈現給大家，群組中Miya也是親自解答，這是很少直播主能做到的。

37 粉絲「蕭君玲」想說：

有一天晚上無聊亂滑著手機，在偶然的機會下，讓我進入了Miya的直播台，心想怎麼有這麼漂亮的孕媽咪直播主啊！我好奇著這位孕婦到底在賣些什麼，竟然可以每標商品都很有耐心且很詳細的解說，也沒考慮自己是孕婦身分，親身體驗吃著每項商品，還給大家看了那麼多的反饋！這不得不讓我馬上對Miya的商品產生了信任感，自然而然每場都想追著Miya跑。追隨Miya的腳步啟動後已經停不了了。

38 粉絲「Lu Lu Chang」想說：

第一次接觸到 Miya 的直播，是臉書無意間跳出來的，出於好奇心點進去看，想說這位直播主在賣什麼？什麼大公主、二公主的，當下的我竟然沒有看一下就溜走，反而被 Miya 介紹產品的口條跟渲染力吸引，就這樣在直播間停留到結束。雖然當天我沒有購買任何產品，卻也默默地點進去關注了「Miya 人妻妹紙」。接下來只要一開播，我都會點進去看，也終於下單了第一個產品，記得是女神水跟果凍，接著陸續接觸到女神可可、窈窕奶茶、膠原蛋白……等等。每樣產品都很用心，也都滿有效果。期望自己能跟 Miya 一樣，對工作抱有熱忱，以及自然散發出的正面能量。能買到好產品，又能像朋友一樣話家常的直播主真的不多，很高興認識 Miya。

39 粉絲「Mia kuo」想說：

第一次看到 Miya 時，她戴著素顏眼鏡、挺著大肚子介紹產品，邊介紹邊說「快一點啦，趕快下單，我下面好痛，要下播了」，當下覺得超可愛的，很直率的孕婦直播主，就這樣被吸引了。之後進了群組發現，Miya 很有耐心的回答每個人的問題（可能私下邊打字邊碎念吧哈哈），也嚴格把關自家產品和贈品的質量品質，也超寵粉的，有求必應，是個真心對待每個粉粉的直播主。

40 粉絲「Doris liou」想說：

一開始看到 Miya 跟花媽一起直播，不知道為什麼就是自然而然的想追蹤 Miya 的直播。我從觀望一下，最後入坑到現在已邁入第二年了，我第一次在直播台上花了上萬元買保健食品，第一入坑是女神可可，真的讓我體態變好變美，又一直跟隨到買了魚子核酸，讓我三十八歲高齡備孕成功！真的很開心沒有追隨錯人，也恭喜 Miya 喜獲波霸珍珠、即將要出書了，希望往後繼續讓我們女生變美喔！

41 粉絲「Shan Shih」想說：

在 Miya 身上看到認真、專業、執著，一開始其實是喜歡 Miya 說話的方式，還有口條以及仔細介紹的態度，真的會吸引人繼續看下去。購物經驗也都很好，因為產品真的是有效，自己的膚質真的到現在有改變。而且，Miya 光一個產品就介紹很久，包含使用方式也都會親自示範，講解非常清楚、口條非常好，總之很喜歡。

42 粉絲「郭小枝」想說：

我在 Miya 身上看到她很努力不懈，幾乎每件事都是親自親為，不透過他人來處理。我本身是很懶的一個人，沒有很注重保養，有想到才擦，但現在不管多忙多累，一定逼迫自己要保養。因為 Miya 一直重覆說：「天下沒有醜女人，只有懶女人。」這句話忽然點醒了我。

43 粉絲「Sophia tsou」想說：

五月開始接觸 Miya，以往不曾跟一個直播那麼久，因為 Miya 把每個人都當自己朋友一樣耐心對待，所以心就不自主的一路跟到現在。以前看直播要偷偷來，現在老公、孩子們都會主動提醒媽媽我「快~時間已經到囉」。這裡已經變成全家公認的直播平台了，在 Miya 這裡感受到用心，所以等於安心。

44 粉絲「張語柔」想說：

在Miya身上看到對產品的堅持、對客人的保障，總是站在客人的立場想，親切又大方，對產品的介紹總是不厭其煩一直說明，讓我們真正了解產品對我們的幫助。看到我們每個人的改變，Miya也會跟著開心。

45 粉絲「Sonia Tsai」想說：

從來沒有一個直播主像Miya這樣，把客人當朋友的那種愛跟耐心完全爆表。被客人重複問同樣的問題，也是超有耐心的回覆，這點真的很讓人佩服，專業度更是不用說。當初雖然不是因為Miya家的產品而認識，但加入後發現Miya家的產品更強大，每場的直播都告訴自己，今天就來看看Miya的。Miya總是有種強大的魔力，讓人閉著眼加一加一。令人安心的直播主帶著我們變美變健康，心理也變強壯。

46 粉絲「Cindy wang」想說：

無意間滑到 Miya 直播開賣現貨日安，二話不說直接下手，但對於本家產品觀望多次，卻不敢下手。幾次後，搶購了小資組香香公主，接著看到粉絲反饋，看到懷孕的您親口喝下可可，從此成了不歸路。在您的身上看見認真、專業、自信，對於產品仔細且不厭其煩的介紹，下播後親自回答粉絲問題，教導使用產品，教育正確觀念，親力親為……

我需要的是能幫助我健康瘦身，往美麗的路上奔馳，而不是為了賺錢、耍耍嘴皮的直播主，而 Miya 您做到了，從此擄獲我的心！

47 粉絲「Karen Chen」想說：

無意間看到 Miya 介紹產品，深深吸引著我。Miya 會仔細回答粉絲每個問題，還自己親自體驗產品與客戶分享，是非常用心的直播主，不像一般買賣的感覺，更像是朋友一樣。謝謝妳的用心，真的很棒，繼續發光發熱喲。

48 粉絲「廖怡雯」想說：

認真介紹跟努力讓顧客明白東西的特性與功能。體驗一次後，發現身體慢慢改變。漂亮真的急不得，本身是從小到大臉上痘痘長不停，當初看了Miya下巴原本的痘痘也消失了，便抱著試試看的心態購買了產品。現在痘痘很少長出來，皮膚也變很好，沒有親身體驗，真的不會知道產品的功效！會慢慢的讓自己變得更有自信！

49 粉絲「林雯婷」想說：

在臉書無意見看到Miya直播，看Miya專業的介紹產品，並親身體驗產品之後，才賣給粉絲使用。Miya真的很用心又超級寵粉，永遠滿滿的正能量！！！能認識Miya真的好開心，好幸福。

50 粉絲「黃菀蓁」想說：

一年多前無意間滑手機看到花媽的直播，進而認識了Miya，隨後就開始追蹤「Miya 人妻妹紙」的直播。對於產品也觀望許久，一直不敢下手，但看到這麼多粉絲真實的回饋，終於勇敢的下手了。但下手之後就成了不歸路，在Miya身上看見Miya的認真及專業，還有超級有自信，對於產品仔細＆不厭其煩的介紹，並回答粉絲問題，教粉絲如何使用產品，親身體驗產品、使用產品，真的是一位很nice的直播主。

51 粉絲「簡韻竺」想說：

四月認識Miya到現在，雖然算不上老粉，但是也是一直入坑，對Miya的認真真的覺得沒話說。每次的直播，每次的產品講解，即便是可能已經介紹過百遍千遍的品項，Miya也是不厭其煩的告訴大家，要如何食用或是使用，要注意什麼……等等，讓人覺得超用心、超有心、超放心的直播主，完全讓大家覺得像朋友一樣安心。

國家圖書館出版品預行編目資料

Miya人妻妹紙做別人不敢做的千萬直播夢/
Miya作. -- 初版. -- 臺北市：春光出版, 城邦文
化事業股份有限公司出版：英屬蓋曼群島商家
庭傳媒股份有限公司城邦分公司發行, 2023.12
冊；　公分. --（心理勵志；145）
ISBN 978-626-7282-46-5（平裝）

496　　112018044

Miya人妻妹紙做別人不敢做的千萬直播夢

作　　者／Miya
企劃選書人／王雪莉
責任編輯／劉瑄
內文特約編輯／黃馨儀

版權行政暨數位業務專員／陳玉鈴
資深版權專員／許儀盈
行銷企劃主任／陳姿億
業務協理／范光杰
總　編　輯／王雪莉
發　行　人／何飛鵬
法律顧問／元禾法律事務所　王子文律師
出　　版／春光出版
臺北市 104 中山區民生東路二段 141 號 8 樓
電話：(02) 2500-7008　傳真：(02) 2502-7676
部落格：http://www.facebook.com/stareastpress
E-mail：stareast_service@cite.com.tw
發　　行／英屬蓋曼群島商家庭傳媒股份有限公司城邦分公司
臺北市中山區民生東路二段 141 號11 樓
書虫客服服務專線：(02) 2500-7718 / (02) 2500-7719
24小時傳真服務：(02) 2500-1990 / (02) 2500-1991
服務時間：週一至週五上午9:30～12:00，下午13:30～17:00
郵撥帳號：19863813　戶名：書虫股份有限公司
讀者服務信箱E-mail: service@readingclub.com.tw
歡迎光臨城邦讀書花園　網址：www.cite.com.tw
香港發行所／城邦（香港）出版集團有限公司
香港九龍九龍城土瓜灣道86號　順聯工業大廈6樓A室
電話：(852) 2508-6231　　傳真：(852) 2578-9337
E-mail : hkcite@biznetvigator.com
馬新發行所／城邦（馬新）出版集團【Cite (M) Sdn Bhd】
41, Jalan Radin Anum, Bandar Baru Sri Petaling,
57000 Kuala Lumpur, Malaysia.
Tel: (603) 90563833　Fax:(603) 90576622　E-mail:cite@cite.com.my

封面設計／李老闆設計部門
內頁排版／MEJA
印　　刷／高典印刷有限公司

■ 2023 年 12 月 5 日初版
■ 2023 年 12 月 13 日初版 3 刷

Printed in Taiwan

城邦讀書花園
www.cite.com.tw

售價／399元

ISBN　978-626-7282-46-5

廣　告　回　函
北區郵政管理登記證
臺北廣字第000791號
郵資已付，免貼郵票

104 臺北市民生東路二段 141 號 11 樓

英屬蓋曼群島商家庭傳媒股份有限公司
城邦分公司

請沿虛線對折，謝謝！

愛情・生活・心靈
閱讀春光，生命從此神采飛揚

春光出版

書號：OK0145　　書名：Miya 人妻妹紙做別人不敢做的千萬直播夢

請於此處用膠水黏貼

讀者回函卡

謝謝您購買我們出版的書籍！請費心填寫此回函卡，我們將不定期寄上城邦集團最新的出版訊息。亦可掃描QR CODE，填寫電子版回函卡

姓名：________________

性別：□男 □女

生日：西元________年________月________日

地址：________________

聯絡電話：________________ 傳真：________________

E-mail：________________

職業：□1.學生 □2.軍公教 □3.服務 □4.金融 □5.製造 □6.資訊

□7.傳播 □8.自由業 □9.農漁牧 □10.家管 □11.退休

□12.其他 ________________

您從何種方式得知本書消息？

□1.書店 □2.網路 □3.報紙 □4.雜誌 □5.廣播 □6.電視

□7.親友推薦 □8.其他 ________________

您通常以何種方式購書？

□1.書店 □2.網路 □3.傳真訂購 □4.郵局劃撥 □5.其他 ________

您喜歡閱讀哪些類別的書籍？

□1.財經商業 □2.自然科學 □3.歷史 □4.法律 □5.文學

□6.休閒旅遊 □7.小說 □8.人物傳記 □9.生活、勵志

□10.其他 ________________

請於此處用膠水黏貼

NEW YEAR
HAPPY 兔 YOU
真正的幸福是，你眼裡都是我，
我心裡裝滿你，一起相信未來。

真愛，不會把你變成一個不同的人，
而是成就那個最好的妳。

堅持是妳唯一要做的事，然後相信自己
一定可以綻放自己的光芒，此刻妳將無比耀眼。

真正的美麗 來自於靈魂，
讓自己活得越來越精緻。

一般女孩將自己設限，
但聰明的女孩會知道自己沒有極限。

女人必備四大名牌：

揚在臉上的自信、藏在心底的善良、
融進血裡的骨氣、刻進命裡的堅強。

女人，妳要逼自己優秀，然後驕傲地活著。
不委曲求全、不趨炎附勢，不給別人任何踐踏自己的機會，

像花一樣綻放

屬於自己的美麗與香氣。

與其等著別人來愛妳，倒不如學著努力愛自己。
願妳成為自己的太陽，
無需憑藉誰的光。